中国海洋经济发展报告
2017

国家发展和改革委员会　国家海洋局　编

海洋出版社

2017年·北京

图书在版编目（CIP）数据

中国海洋经济发展报告. 2017 / 国家发展和改革委员会，国家海洋局编.
—北京：海洋出版社，2017.12 ISBN 978-7-5027-9995-3

Ⅰ.①中… Ⅱ.①国… ②国… Ⅲ.①海洋经济-经济发展-研究报告-中国-2017 Ⅳ.①P74

中国版本图书馆 CIP 数据核字（2017）第 313287 号

责任编辑：阎　安　肖　炜

责任印制：赵麟苏

海洋出版社　出版发行

http://www.oceanpress.com.cn

北京市海淀区大慧寺路 8 号　邮编：100081

北京朝阳印刷厂有限责任公司印刷　新华书店北京发行所经销

2017 年 12 月第 1 版　2017 年 12 月北京第 1 次印刷

开本：787mm×1092mm　1/16　印张：8.5

字数：84 千字　定价：38.00 元

发行部：010-62132549　邮购部：010-68038093

编辑室：010-62100038　总编室：010-62114335

海洋版图书印、装错误可随时退换

前　言

2016年是“十三五”开局之年，也是海洋经济优化、调整、升级的关键之年。当前，我国经济已由高速增长阶段转向高质量发展阶段，各地方、各部门按照《全国海洋经济发展“十三五”规划》要求，积极推进海洋领域供给侧结构性改革，加快拓展蓝色经济空间，促进发展方式转变，海洋经济在“十三五”取得了良好开局。

党的十九大报告将实施区域协调发展战略作为贯彻新发展理念、建设现代化经济体系的重大战略之一。同时，明确坚持陆海统筹，加快建设海洋强国作为实施区域协调发展战略的重要任务。为认真贯彻落实党的十九大精神，国家发展和改革委员会、国家海洋局共同组织编写了《中国海洋经济发展报告2017》（以下简称《报告》）。《报告》以习近平新时代中国特色社会主义思想为指导，全面总结了2016年我国海洋经济发展的总体情况，对当前我国海洋经济发展环境进行了分析，对沿海省（市、区）2016年海洋经济发展主要成就与举措，以及2017年工作重点进行了综述。

本报告编写过程中得到了国务院有关部门、沿海省（市、区）发展改革委和海洋部门的大力支持，在此一并表示感谢。

编者

2017年12月

目　录

第一篇　综合篇

第二篇　沿海省份篇

第一篇　综合篇

第一章　2016 年我国海洋经济发展情况

第一节　总体情况

1. 海洋经济总量稳步增长

2016 年是“十三五”开局之年，面对复杂的国内外发展环境，海洋经济运行总体平稳，海洋生产总值增速缓中趋稳。初步核算，2016 年全国海洋生产总值 70 507 亿元，比上年增长 6.8%，高于同期全国经济增速 0.1 个百分点，为国民经济的稳定增长发挥了重要作用。2016 年全国海洋生产总值占国内生产总值的比重为 9.5%，与上年持平。

表 1-1　全国海洋生产总值、增速及比重

指标	2011 年	2012 年	2013 年	2014 年	2015 年	2016 年
海洋生产总值/亿元	45 580	50 173	54 718	60 699	65 534	70 507
海洋第一产业增加值/亿元	2 382	2 671	3 038	3 109	3 328	3 566
海洋第二产业增加值/亿元	21 668	23 450	24 609	26 660	27 672	28 488
海洋第三产业增加值/亿元	21 531	24 052	27 072	30 930	34 535	38 453
海洋生产总值增速/（%）	10.0	8.1	7.8	7.9	7.0	6.8
海洋生产总值占国内生产总值比重/（%）	9.4	9.4	9.3	9.5	9.5	9.5

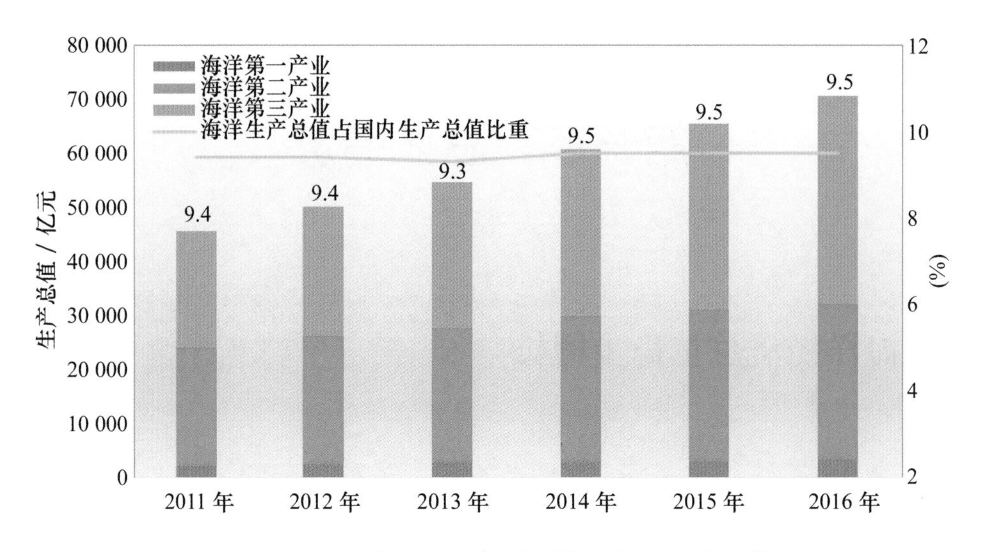

图 1-1　2011—2016 年全国海洋生产总值及占国内生产总值比重

2. 海洋经济转型升级步伐加快

2016 年，海洋领域供给侧结构性改革全面推进，海洋经济发展在优化结构、增强动力、化解矛盾、补齐短板上取得突破。一

是海洋三次产业结构进一步优化。海洋第一产业、第二产业、第三产业增加值占海洋生产总值比重分别为 5.1%、40.4% 和 54.5%。其中，海洋第一产业比重与上年持平，海洋第二产业比重比上年下降了 1.8 个百分点，海洋第三产业比重比上年提高了 1.8 个百分点。二是海洋产业新动能培育取得积极进展。以海洋生物医药、海洋电力、海水利用为代表的海洋新兴产业持续快速增长，增速超过 12%，高于同期海洋经济增速约 5 个百分点。随着我国居民消费结构的升级，邮轮游艇、休闲渔业等新业态规模快速扩大，带动海洋旅游业增加值大幅增长。海洋旅游业成为对海洋经济贡献最大的产业，贡献率达到 23.5%。

3. 区域海洋经济平稳发展

2016 年，我国区域海洋经济继续保持均衡平稳的发展态势，但也出现了一些新变化。沿海地区的北部、东部和南部三大海洋经济区海洋生产总值分别达到 24 324 亿元、19 912 亿元和 26 272 亿元，占全国海洋生产总值的比重分别为 34.5%、28.2% 和 37.3%。其中，北部海洋经济区、东部海洋经济区海洋生产总值占全国海洋生产总值的比重比上年同期均下降了 0.6 个百分点，南部海洋经济区在海洋装备制造、海洋工程建筑业等产业增长的拉动下，海洋生产总值占全国海洋生产总值的比重比上年同期上升 1.2 个百分点。山东、浙江、广东、福建和天津五个海洋经济试点省市着力推进海洋产业结构调整升级，优化发展布局，不断提升海洋经济发展层次和辐射带动能力，发挥比较优势，提高了本地区海洋产业的竞争力。2016 年，五个海洋经济试点省市的海洋生产总值占全国海洋生产总值比重达到 69. 2%，比 2015 年提升了 0. 7 个百分点。

表 1-2 三大海洋经济区和五个海洋经济试点省市海洋生产总值及占全国海洋生产总值比重

	2015 年		2016 年	
	海洋生产总值/亿元	海洋生产总值占全国海洋生产总值比重/（%）	海洋生产总值/亿元	海洋生产总值占全国海洋生产总值比重/（%）
北部海洋经济区	23 003	35. 1	24 324	34. 5
东部海洋经济区	18 878	28. 8	19 912	28. 2
南部海洋经济区	23 654	36. 1	26 272	37. 3
山东省	12 422	19. 0	13 285	18. 8
浙江省	6 017	9. 2	6 527	9. 3
广东省	14 443	22. 0	15 895	22. 5
福建省	7 076	10. 8	8 003	11. 4
天津市	4 924	7. 5	5 094	7. 2

4. 海洋经济增长对沿海民生改善贡献突出

海洋产业的持续增长，有效带动了就业。2016 年，全国涉海就业人员不断增加，达到 3 624 万人，占全国就业人数的比重达到 4. 7%，较上年增长了 0. 1 个百分点。海水养殖的产业升级和新技术的应用，促进了渔民人均纯收入持续增长，2016 年渔民人均纯收入比上年增长 6. 3%。人均海洋水产品供应量稳步增加，2016

年达到25.3千克/人，比上年增长1.8%，促进了城乡居民食品消费升级。海洋旅游业新业态与新模式的产生和涌现，促使滨海旅游持续升温。人均国家级海洋公园面积达到3.8公顷/万人，比上年增长41.4%，极大地促进了居民消费结构的升级。

5. 涉海工业企业经营总体呈现向好态势

2016年，我国涉海工业企业虽然效益仍有下滑，但降幅显著收窄。国家海洋局重点监测的工业企业主营业务收入、利润总额分别下降1.7%、10.4%，降幅较上年有所收窄；主营业务收入利润率为4.1%，比上年略有降低，降幅为0.4个百分点；库存水平有所下降，2016年年末产成品存货同比下降8.0%。

6. 重点监测的涉海产品进口贸易呈现增长

受国际市场的影响，2016年我国重点监测的300多种涉海产品进出口贸易总额为529.1亿美元，同比下降14.2%。其中，进口贸易额88.0亿美元，同比增长7.2%；出口贸易额441.1亿美元，同比下降17.4%；贸易顺差353.1亿美元。

第二节　主要海洋产业发展情况

2016年，主要海洋产业总体呈现平稳发展态势。海洋渔业稳

表 1-3　2016 年主要海洋产业增加值及可比增速

海洋产业	增加值/亿元	可比增速/（%）
海洋渔业	4 641	3. 8
海洋油气业	869	-7. 3
海洋矿业	69	7. 7
海洋盐业	39	0. 4
海洋化工业	1 017	8. 5
海洋生物医药业	336	13. 2
海洋电力业	126	10. 7
海水利用业	15	6. 8
海洋船舶工业	1 312	-1. 9
海洋工程建筑业	2 172	5. 8
海洋交通运输业	6 004	7. 8
海洋旅游业	12 047	9. 9

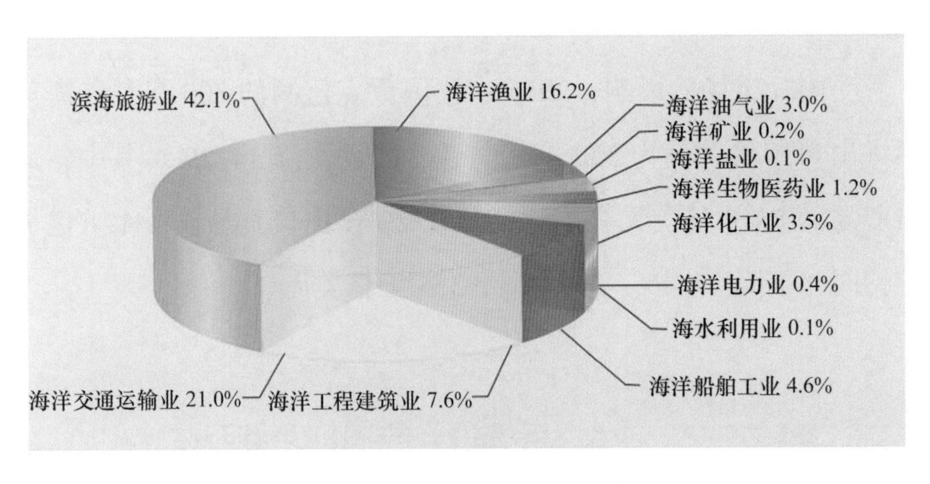

图 1-2　2016 年主要海洋产业增加值构成

中向好；海洋油气业、海洋船舶工业受国际形势影响，效益有所下滑；海洋生物医药业、海洋电力业、海水利用业等海洋战略性新兴产业增速继续高于传统产业；以海洋旅游业为代表的海洋服务业继续发挥优势，带动区域经济发展和就业；邮轮游艇等新兴业态渐成规模，有效促进了沿海地区产业转型升级和发展方式转变。

1. 海洋渔业

2016 年，海洋渔业稳中向好，质量和效益同步提升。全年实现增加值 4 641 亿元，比上年增长 3.8%。海洋捕捞量保持稳定，捕捞量维持在 1 300 万吨；海水养殖稳步增长，产量接近 2 000 万吨，同比增长 4.67%；休闲渔业蓬勃发展，经营主体超过 4 万家，产值达到 664 亿元；远洋渔业规范化发展力度加大，远洋产量为 198.8 万吨，与上年相比略有减少。

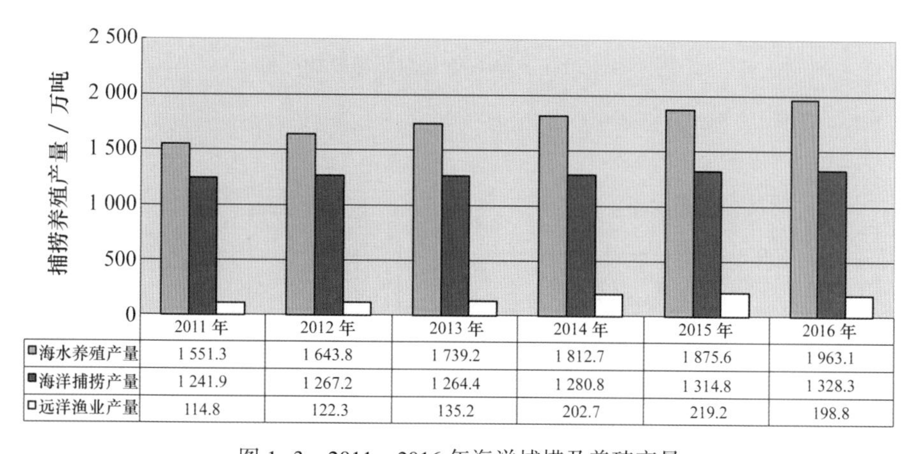

	2011 年	2012 年	2013 年	2014 年	2015 年	2016 年
海水养殖产量	1 551.3	1 643.8	1 739.2	1 812.7	1 875.6	1 963.1
海洋捕捞产量	1 241.9	1 267.2	1 264.4	1 280.8	1 314.8	1 328.3
远洋渔业产量	114.8	122.3	135.2	202.7	219.2	198.8

图 1-3　2011—2016 年海洋捕捞及养殖产量

2. 海洋油气业

2016年，受国际原油价格低迷的影响，海洋油气业发展趋缓，海洋原油、天然气产量均出现下降，其中海洋石油产量为5 162万吨，同比下降4.7%；天然气产量为129亿立方米，同比下降12.5%。由于油价及产量双双下降，海洋油气业全年实现增加值869亿元，同比下降7.3%。2016年，在我国海域新发现14个油气田，新增探明石油地质储量2.74亿吨，探明天然气地质储量256亿立方米。

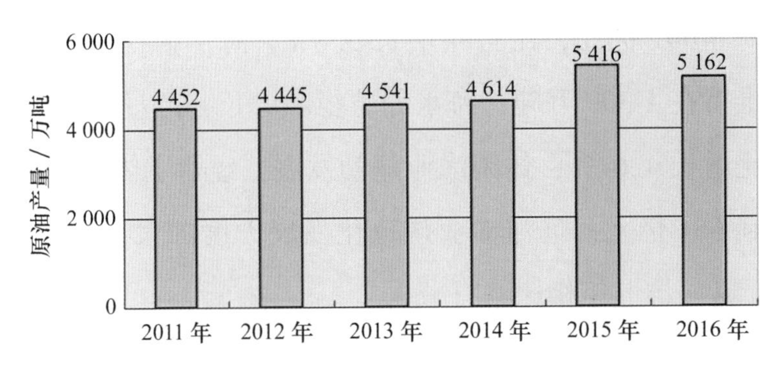

图1-4　2011—2016年全国海洋原油产量

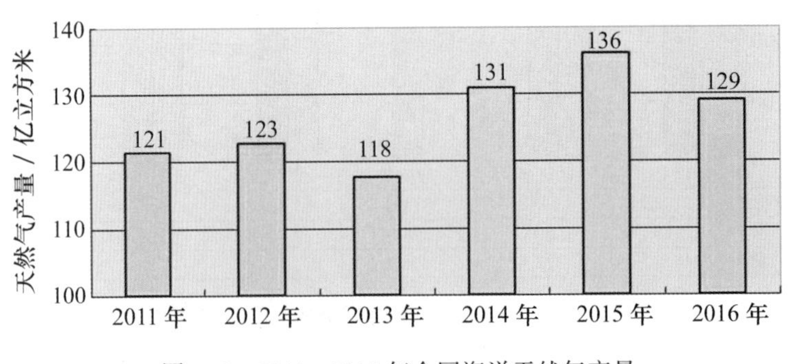

图1-5　2011—2016年全国海洋天然气产量

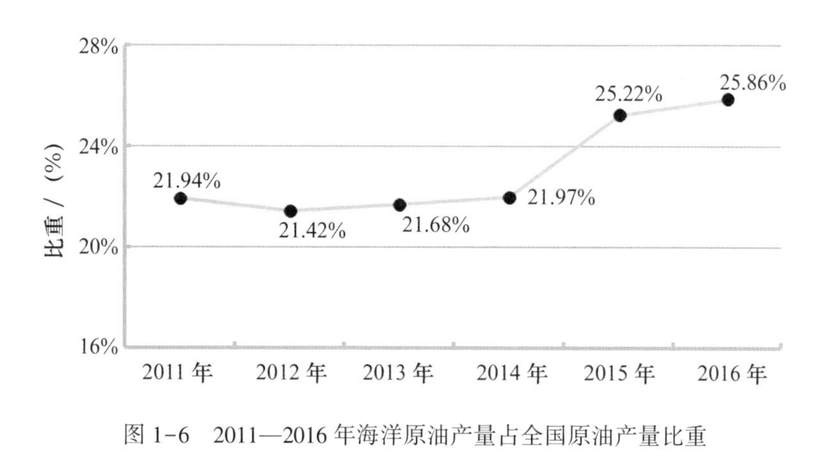

图 1-6　2011—2016 年海洋原油产量占全国原油产量比重

3. 海洋船舶工业

2016 年，受国际航运市场需求的影响，我国海洋船舶工业发展形势仍较严峻，海洋船舶工业增加值为 1 312 亿元，同比下降 1. 9%。虽然造船完工量、新承接订单量和手持订单量造船三大指标继续下降，但仍保持世界领先。以载重吨计算，分别占世界市场份额的 35. 9%、59. 0%和 43. 0%，特别是新承接订单占比接近六成，显示出我国造船业在世界仍具有较强的竞争力。

4. 海洋工程装备制造业

受国内外市场需求不足的影响，2016 年我国海洋工程（简称“海工”）装备订单金额与 2015 年相比下降了 35. 1%，仅为 24. 8 亿美元。6 月，国务院有关部门印发《中国制造 2025——能源装备实施方案》，提出我国将大力发展深水油气勘探开发装备和海

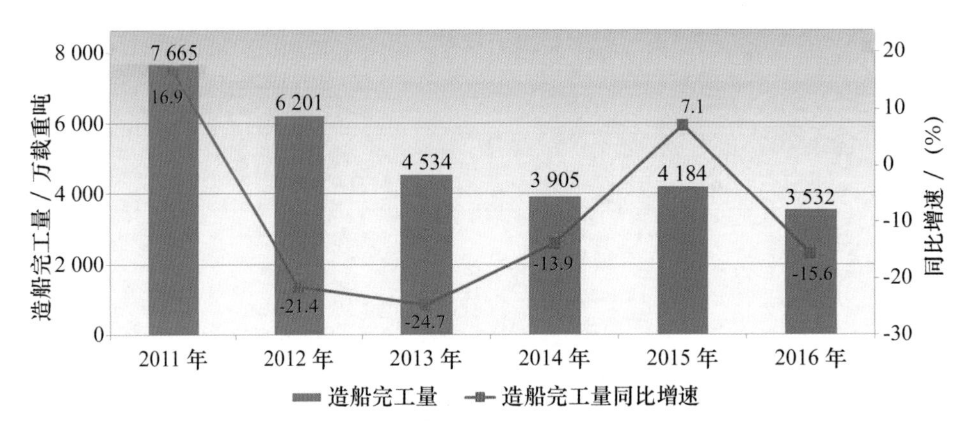

图 1-7　2011—2016 年造船完工量及同比增速

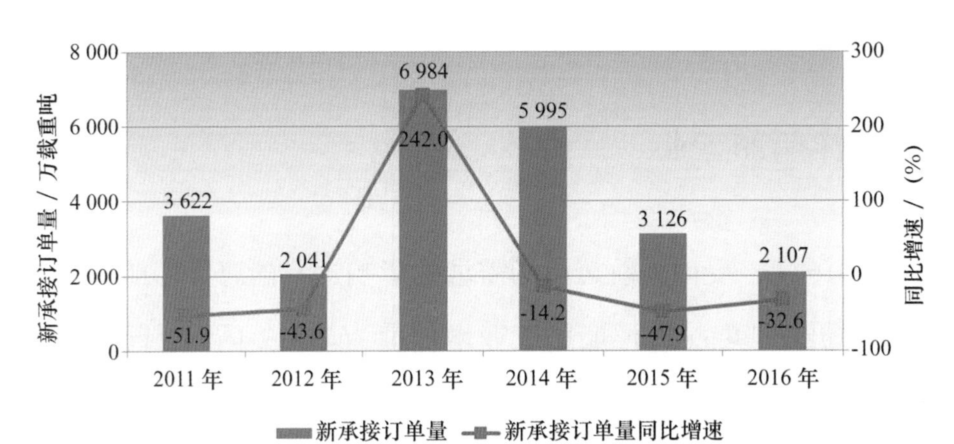

图 1-8　2011—2016 年新承接订单量及同比增速

图 1-9　2011—2016 年手持订单量及同比增速

洋能装备。为加速海工装备的产业结构调整，许多海工龙头企业加大了技术投入。2016年在高端海工装备设计、建造方面取得了重大突破，如由青岛迪玛尔海洋工程有限公司和青岛奥尔迪普海洋科技有限公司联合研发的“海上单点系泊系统核心设备”获得成功，由中国海洋石油总公司承建的“亚马尔LNG项目”首个核心工艺模块顺利装船。

5. 海洋生物医药业

近年来，沿海各级政府加大了对海洋生物医药业的政策扶持和投入力度，通过成立引导基金、建设研发基地、举办科技成果转化对接活动等方式，加快推进海洋生物医药产业发展壮大。2016年，我国自主研发的首个深海沉积物微生物原位培养系统回收成功，为深海微生物功能的研制与开发提供了新平台；青岛海洋生物医药研究院成立，宁波大学与美国加利福尼亚大学圣迭哥分校签署合作协议，打造国际海洋生物医药研究中心；辽宁省举办海洋生物产业科技成果转化对接系列活动，近400项海洋生物科技成果亮相；“长三角”海洋生物医药产学研科技论坛、福建海洋生物医药产业峰会顺利召开。同时，沿海地方政府出台了一系列扶持政策和发展规划，如广东省制定了《促进医药产业健康发展实施方案》、厦门市制定了《“十三五”生物医药与健康产业发展规划》等，引导支持海洋生物医药产业发展。在良好的政策环境下，海洋生物医药业保持了较快的发展态势，2016年全年实现增加值336亿元，比上年增长13.2%，成为海洋产业的新亮点。

6. 海洋电力业

2016 年海洋电力业保持良好发展势头，全年实现增加值 126 亿元，同比增长了 10.7%。海上风电新增装机容量 590 兆瓦，同比增长 64%，并且跻身全球前三名。海上风电产业处于由“项目示范”向“平稳发展”过渡的时期，海上风电项目稳步推进，江苏如东 150 兆瓦海上风电场、鲁能江苏东台 200 兆瓦海上风电场相继并网发电。我国海洋能开发应用技术取得新突破，舟山秀山岛潮流能发电机组成功发电并网，我国海洋潮流能发电技术研发与应用已达到世界领先水平。

图 1-10　2011—2016 年我国海上风电新增装机容量和累计装机容量

7. 海水利用业

2016 年海水利用业保持良好的发展势头，全年实现增加值 15 亿元，比上年增长 6.8%。海水淡化规模持续扩大，截至 2016 年年底，全国已建成海水淡化工程 131 个，工程总规模达到 118.8 万吨/日。海水直流冷却、海水循环冷却应用规模不断增长，年利用海水作为冷却水量达 1 201.4 亿吨，新增海水冷却用海水量 75.7 亿吨/年。海水淡化项目有序推进，国内首套发电机余热海水淡化示范系统研制成功；国产化海水淡化装备——能量回收泵、系列板式造水机等得到突破；青岛设计日供水 10 万吨的董家口海水淡化项目投入使用；国家海洋局天津临港海水淡化与综合利用示范基地开工建设，建成后将全面提升我国海水淡化与综合利用科技创新能力。同时也应看到，当前我国海水淡化供给体制改革尚未得到进一步推进，海水淡化规模化应用仍待突破。

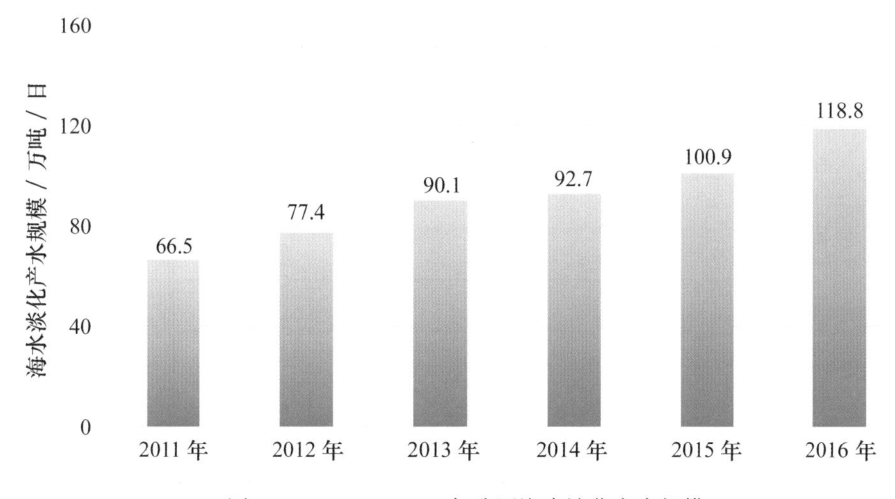

图 1-11　2011—2016 年我国海水淡化产水规模

8. 海洋交通运输业

2016 年，海洋交通运输业总体运行平稳，全年实现增加值 6 004 亿元，比上年增长 7.8%。沿海港口生产保持平稳增长态势，全年完成货物吞吐量和集装箱吞吐量分别为 84.6 亿吨和 1.96 亿标准箱（TEU），分别较上年增长 3.8%和 3.6%。沿海港口设施建设进一步完善，截至 2016 年年底，我国沿海港口共有千吨级及以上生产性泊位 5 252 个，码头装运能力 81 亿吨。航运方面，随着去产能力度的加大，以及部分航运企业重组升级，影响到航运市场的供需状况，航运市场复苏渐见起色。

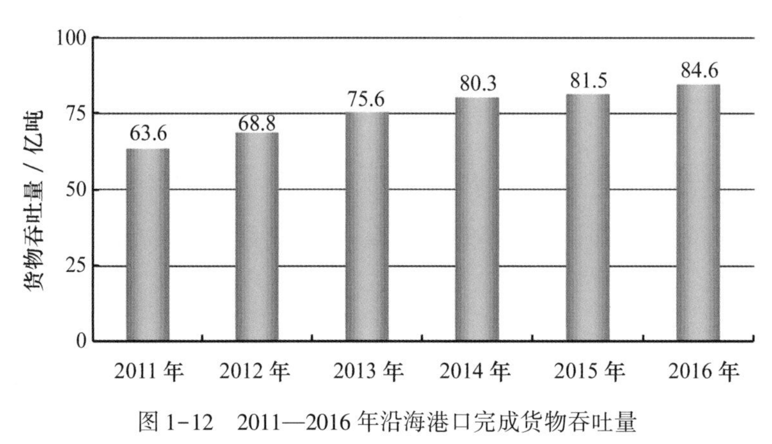

图 1-12　2011—2016 年沿海港口完成货物吞吐量

外贸货物吞吐量 / 亿吨

年份	2011 年	2012 年	2013 年	2014 年	2015 年	2016 年
外贸货物吞吐量 / 亿吨	25.4	27.9	30.6	32.7	33.0	34.5

图 1-13　2011—2016 年沿海港口完成外贸货物吞吐量

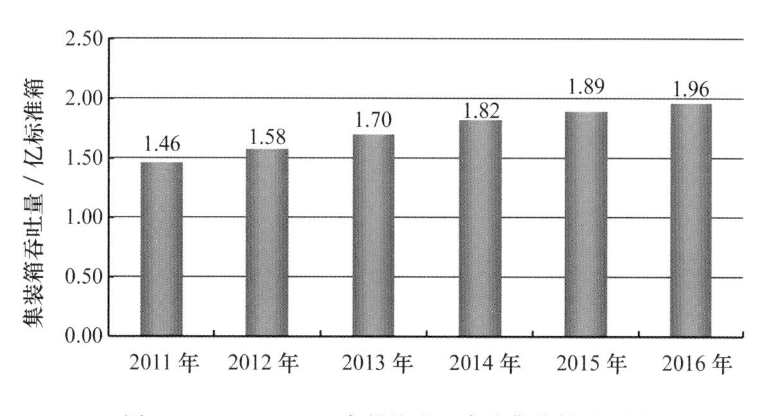

图 1-14 2011—2016 年沿海港口完成集装箱吞吐量

9. 海洋旅游业

2016 年，随着旅游通达条件的进一步完善，滨海旅游景区景点等设施建设的进一步加快。新兴滨海旅游带的拓展，滨海旅游新项目的开发、滨海旅游服务质量的提升，以及海洋保护区、海洋公园建设带来的滨海环境的改善，使海洋旅游业继续保持较快发展，全年实现增加值 12 047 亿元，比 2015 年增长 9.9%，依然是海洋经济的重要增长点。同时，国家支持邮轮业发展，新开航线增多，产业链条延伸，邮轮旅游发展势头迅猛。2016 年，我国十一大邮轮港大连、天津、烟台、青岛、上海、舟山、厦门、深圳、广州、海口和三亚共接待邮轮 1 010 艘次，同比增长 74.7%。海岛游蓬勃发展，2016 年海岛县旅游人数达到 6 639 万人次，旅游收入 554 亿元，分别比上年增长 23.3%和 25.2%。

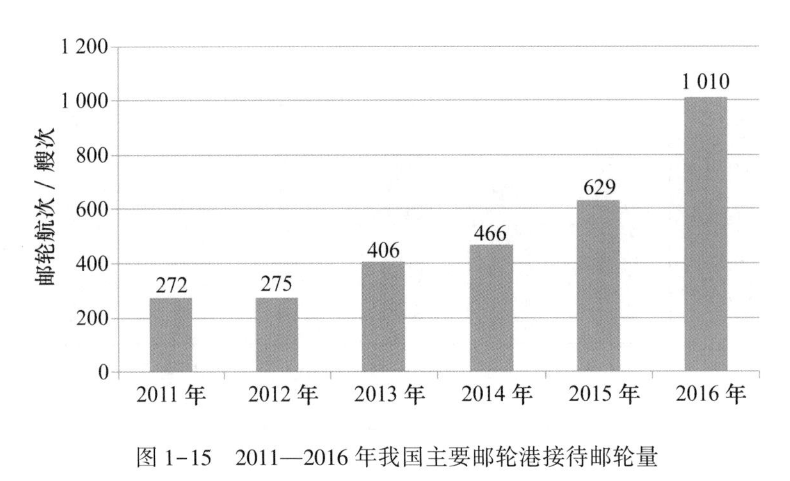

图 1-15　2011—2016 年我国主要邮轮港接待邮轮量

第三节　金融支持海洋经济发展

1. 政府加强对海洋经济发展的引导

2016 年，国家海洋局、中国人民银行会同国家发展和改革委员会（简称“国家发展改革委”）、工业和信息化部、财政部、银监会、证监会、保监会等部门积极研究起草金融支持海洋经济发展的政策措施，推进开发性金融促进海洋经济发展试点工作。同年 5 月，国家海洋局会同国家开发银行在联合评审的基础上，共同确定一批重点项目。2016 年开发性金融共为海洋经济提供了 259 亿元贷款支持。全国海水养殖保险保费规模 3 363.77 万元，提供风险保障 6.23 亿元，承保范围覆盖 11 个省市。沿海各级政府成立引导基金、投资基金、科技专项基金等支持海洋经济发展。

山东省有关部门设立“海上粮仓”建设投资基金，总规模3.2亿元，其中省级股权投资引导基金出资8 000万元，重点为水产养殖、渔业增殖、水产品加工流通等行业提供融资服务；福建省有关部门签订了《共同推进福建省海洋经济建设战略合作框架协议》，拟设立规模达100亿元的海洋经济建设专项产业基金，首期募集20亿元，重点投资福建省内渔港经济区、渔业特色小镇、海洋工程装备等领域。为培养我国海洋领域青年科技人才，青岛海洋科学与技术国家实验室面向全国设立开放基金，拟资助50个项目，平均资助金额为100万元/项。

2. 金融机构加大对海洋经济支持力度

各银行业金融机构把支持海洋经济发展与加快自身发展转型相结合，陆续制定和完善了支持海洋经济相关产业发展的信贷政策和具体措施，引导信贷投向，创新金融产品，优化审批流程，不断提升金融服务海洋经济发展的专业化水平。据中国银行业监督管理委员会专项统计，截至2016年10月末，天津、江苏等8个首批海洋经济创新发展示范城市所在省（市）的银行业金融机构海洋经济相关贷款余额达到3 397.9亿元，设立特色分（支）行94家，组建专业团队133个，投入专业信贷人员1 003人，海洋经济金融服务专业化水平不断提升。此外，国家开发银行组建海洋经济领域专家储备库；浦发银行在青岛成立了专门服务海洋经济的“蓝色经济金融服务中心”，累计提供授信超过30亿元；浙江银监局利用机构改制机会推动组建的浙江舟山定海海洋农商银行，海洋经济贷款余额 24.94 亿元，受益企业达 1.34 万家。相关金融机构积极创新海洋领域贷款产品和涉海贷款抵押、质押方式。2016 年 9 月，中国农业发展银行推出“海洋资源开发与保护贷款”，在浙江等 6 个省开展试点。有关银行业金融机构相继推出“海域使用权抵押贷”“无居民海岛使用权抵押贷”“在建船舶抵押贷”“水产品（冻品）仓单质押贷”和“渔民贷”等系列信贷产品，拓宽涉海担保方式，加大对海洋产业的信贷支持。

3. 拓宽多元化融资渠道支持海洋实体经济

拓宽涉海企业多元化融资渠道，通过股权融资、债券融资等方式为我国海洋产业发展注入了新动力。在股权融资方面，2016 年，中国证券监督管理委员会核准 8 家涉海企业发行股票，共上市融资 43.5 亿元；核准 14 家涉海上市公司实施再融资，共融资 230.68 亿元。在债券融资方面，2016 年，国务院有关部门批准我国涉海企业累计发行公司债券 59 只，融资金额 529 亿元。截至 2016 年 10 月末，天津、江苏等 8 个首批海洋经济创新发展示范城市所在的省（市）银行，共协助 10 家涉海企业发行债券，金额达 239.6 亿元。国家海洋局与深圳证券交易所联合举办国内首场海洋中小企业投融资路演活动，为海洋中小企业与风险投资机构、私募股权投资机构搭建起交流、合作与对接平台。

第四节　海洋科技创新与人才培养

1. 海洋科技产业化成果显著

2016年，国家海洋局与科技部印发了《全国科技兴海规划（2016—2020年）》，大力推动海洋科技成果转化，引领海洋经济提质增效。重大科技成果不断涌现，如：深海潜水器谱系化装备日趋完善，“海翼”号深海滑翔机刷新世界同类水下滑翔机最大下潜深度纪录，“海斗”号遥控/自治式无人潜水器成为世界上下潜深度最深的万米级潜水器；国产深海海底地震仪实现全球首次获取万米级海洋人工地震剖面数据，其系列产品在海洋科学研究和深海油气资源勘探方面具有良好应用市场；国产保压气密取样器实现世界首次在万米水下深度获取保压气密水样。海洋能开发利用取得新进展，100千瓦级“鹰”式波浪能发电装置在珠海万山发电，累计发电量超过3万千瓦·时；浙江舟山1兆瓦潮流能发电机组并网发电。

2. 加快海洋经济相关专业人才培养

2016年，国家加大了海洋相关专业人才的培养力度，中国地质大学、华南农业大学、福州大学等高校增设海洋科学、海洋资源开发技术、海洋资源与环境、港口航道与海岸工程等12个本科专业点。截至2016年年底，全国共有海洋相关学科博士学位授权点29个，相关学科硕士学位授权点35个。同时，国家有关部门推动上海交通大学、大连理工大学等9所高校的船舶与海洋工程专业开展"卓越工程师教育培养计划"试点开办工作；加强与海洋相关学科的在线开放课程建设，目前已上线《海洋科学专业导论》《海洋权益与中国》等课程30余门；开展与海洋相关学科的大学生创新创业训练，2016年共支持海洋能源、海洋生物、海洋文化等80余个项目开展研究和实践，着力提升了学生创新创业能力。

第五节　海洋资源管理

2016年，国家继续加大对海洋资源开发利用的管控力度。一是严控围填海规模，调整了用海方向，将生态用海作为用海项目的重要内容，与围填海项目同时设计、同步实施，在论证和审查时严格把关，有效提升围填海区域新增岸线的自然化、生态化水平。二是加强海岛保护，印发实施《全国生态岛礁工程"十三五"规划》，支持10个"生态岛礁"建设，印发《无居民海岛开发利用审查办法》，修订印发无居民海岛开发利用审理、评审和论证等5个规范性文件。三是积极开展温州国家海域综合管理创新试点工作，围绕建设海洋强国和美丽海洋的总目标，创新海域综合管理制度、体制和机制，深化海洋生态文明建设，促进国家海域综合管理工作发展。四是加强涉海规划环境影响评价，截至

2016 年年底，依法完成温州港大小门岛港区、宁波舟山港、烟台港、连云港徐圩港区和南通港通州港区 5 处涉海港口规划环评审查，有力地推动了我国沿海港口的绿色发展，保障海洋和江河生态安全。

第六节　海洋生态文明建设

1. 海洋生态环境保护取得显著成效

2016 年 11 月 7 日，全国人民代表大会通过新修订的《中华人民共和国海洋环境保护法》，使海洋主体功能区规划、海洋生态保护红线、生态补偿赔偿、区域限批和按日计罚等有效做法被固化为法律。2016 年，我国全面推进海洋生态保护红线制度，国家海洋局印发《关于在全国加快建立海洋生态红线制度的意见》，将沿海各省（区、市）管理海域总面积 30%以上的海域和 35%的大陆岸线纳入红线管控范围，为我国海洋生态保护和开发利用提供了硬指标和硬约束；继续推进实施“蓝色海湾”“南红北柳”和“生态岛礁”工程，首次采用政府与社会资本合作的方式开展海洋生态环境修复；新建 16 处海洋特别保护区和国家海洋公园，总面积增加 42. 7%。至 2016 年年底，我国已建立各级海洋保护区 270 余处，总面积约 12. 2 万平方千米，近岸海域的海洋保护区体系不断完善，为沿海地区社会经济的可持续发展提供了保障。

2. 海洋防灾减灾工作扎实推进

2016 年，我国全面完成海洋灾害风险评估和区划试点工作，基本掌握了沿海地区海洋灾害风险情况。在此基础上，国家海洋局印发了《关于开展海洋灾害风险评估和区划工作的指导意见》，并完成了浙江省风暴潮灾害重点防御区划定试点。开展了全国沿海地区海洋灾害承灾体调查工作，为各级政府海洋防灾减灾指挥决策提供了依据。完善了海洋灾害调查统计业务制度机制，建成了国家、省、市、县四级海洋灾情信息员队伍。2016 年 12 月，国家海洋局印发《海洋观测预报和防灾减灾“十三五”规划》，明确了“十三五”时期海洋防灾减灾发展方向和工作任务。

第七节　海洋经济对外合作

1. 海洋经济“走出去”步伐持续加快

近年来，我国与“21 世纪海上丝绸之路”沿线国家的经贸合作不断深化。2016 年，我国与海上丝绸之路沿线国家对外贸易额接近 8 900 亿美元，与 2011 年相比增长了 7.9%。亚太直达海底光缆（APG）正式投产，“亚洲-非洲-欧洲 1 号”（AAE-1）、“亚欧 5 号”（SMW5）国际海底光缆成功登陆。海上战略支点建设成效显著，瓜达尔港自由区启动建设持续推进，科伦坡港口城全面复工，汉班托塔港运营权谈判取得阶段性进展，比雷埃夫斯港港务局私有化项目第一期股权交割正式完成；阿曼海水淡化联产提溴、巴基斯坦水电联产、马来西亚石油平台、马六甲海峡供水船等多个项目正在逐步推动和落实。

2. 推动海洋经济国际合作

推动实施《南海及其周边海洋国际合作框架计划（2016—2020）》，围绕促进海洋经济政策对接与交流，以海洋科技促进海洋经济发展，以海洋观测与预报以及海洋生态环境保护为社会经济发展提供服务与保障，与斯里兰卡、泰国、马来西亚、柬埔寨等国开展了一系列高层互访交流，实施了具体务实的项目。借出席葡萄牙“蓝色周”世界海洋部长会议、“我们的海洋”大会的契机，积极倡导建立蓝色经济发展合作机制，将蓝色经济作为重要合作领域之一纳入中国—欧盟海洋综合管理高级别对话机制以及与葡萄牙签署的海洋领域合作谅解备忘录。主办第四届亚太经合组织蓝色经济论坛，以及海洋经济定义和方法研讨会，参加第二届环印联盟蓝色经济核心小组研讨会，参与联合国亚洲及太平洋经济社会委员会有关蓝色经济问题的磋商等，积极推进有关国际组织框架下的蓝色经济相关活动。与俄罗斯开展极地事务高级别对话，倡议开发和利用北极航道，打造“冰上丝绸之路”。

第八节　海洋经济管理

1. 宏观调控能力进一步增强

2016年，国家发展改革委、国家海洋局印发《全国海洋经济发展“十三五”规划》，沿海地方政府也纷纷编制了地方海洋经济发展“十三五”规划，指导海洋经济发展。与此同时，国务院有关涉海部门编制印发了《中国制造2025——能源装备实施方案》《全国渔业发展第十三个五年规划（2016—2020年）》《全国海水利用“十三五”规划》和《海洋可再生能源发展“十三五”规划》，沿海省级政府印发《山东省“海上粮仓”建设规划（2015—2020年）》《河北省促进休闲渔业持续健康发展的实施意见》等一系列涉及海洋产业发展的政策法规和规划，明确了政府在海洋领域的有关政策，引导了市场预期。

2. 产业集聚与创新发展环境进一步优化

2016年，为落实《国民经济和社会发展第十三个五年规划纲要》提出的“拓展蓝色经济空间”和建设“海洋经济发展示范区”“推进制造业集聚区改造提升”“打造特色优势产业集群”的要求，国家发展改革委、国家海洋局联合印发《关于促进海洋经济发展示范区建设发展的指导意见》，确定“十三五”期间，拟在全国设立10~20个示范区。财政部、国家海洋局共同印发《关于“十三五”期间中央财政支持开展海洋经济创新发展示范工作的通知》，并认定天津滨海新区、舟山和青岛等8个城市为首批海洋经济创新发展示范城市。国家海洋局加快推进国家科技兴海产业示范基地建设，新认定6家科技兴海国家级产业示范基地，截至2016年国家科技兴海产业示范基地建设已增至13个。这些政策和举措的落实为我国海洋产业强化创新驱动、实现动能转换提供了重要支撑。

3. 海洋经济运行监测评估体系不断完善

2016年，有关研究机构首次发布“中国海洋经济发展指数”，研究编制《海洋经济运行季度报告》，监测涉海上市公司运营情况，建立涉海企业直报制度。国家海洋局与工信部、商务部、统计局、农业发展银行签署战略合作协议或达成合作共识，全面深化部门间战略合作与数据共享。启动第一次全国海洋经济调查，正式发布调查徽标和标语，开通专题网站，多个沿海省市全面启动调查前期工作。

第二章　2017年海洋经济工作重点

按照2017年全国海洋工作会议的总体部署，找准“拓展蓝色经济空间”的着力点，围绕海洋经济宏观调控体系建设，坚持“丰富监测评估与政策工具箱”双轨并行，不断推动海洋经济向质量效益型转变，促进“经济富海”再上新台阶。

第一节　加强宏观指导与调控

1. 全面推进实施海洋经济发展政策与规划

印发《全国海洋经济发展“十三五”规划》，研究海洋经济发展规划评估指标体系，加强规划宣传贯彻，强化规划落实监督，做好规划实施的跟踪监测和评估工作。研究《海洋产业发展指导目录》，引导海洋产业发展。

2. 健全海域海岛开发利用配套制度

细化完善《海岸线保护与利用管理办法》和《围填海管控办法》相关配套政策制度和技术规范。制定建设项目用海控制标准和生态用海技术规程，提高用海项目的产业准入门槛和生态门槛。制定海域使用权招拍挂出让管理办法，逐步扩大市场化出让范围。完善海域价格评估技术标准体系，将生态环境损害纳入价格形成机制。完善海域、无居民海岛有偿使用制度，会同财政部制定《海域、无居民海岛有偿使用的意见》和《海域、无居民海岛使用金征收标准调整方案》，研究建立海域海岛使用金征收标准动态调整机制，推动海域海岛资源配置更加科学。

3. 推进海洋经济可持续发展

实施全国海洋生态保护红线“一张图”管理，完善配套监督管理制度和技术规范。建立实施海洋工程区域限批制度，重点建立海洋工程建设项目生态补偿制度，统筹推进“蓝色海湾”“南红北柳”和“生态岛礁”三大生态修复工程。研究探索吸引社会资本参与海洋生态保护建设的市场化机制。探索制作海洋灾害风险防范和调查评估决策服务产品，推动建立国家海洋灾情统计制度，有力助推海洋经济可持续发展。深入开展海洋生态保护和海洋资源可持续利用领域的国际合作，为全球落实 2030 年可持续发展议程相关目标做出贡献。

4. 加快海洋经济创新发展

制定促进海洋科技成果转化的指导意见，编制海洋科技成果目录和成果转化目录。构建海洋领域技术创新战略联盟，推动海洋产业协同创新和成果共享。以大深度潜水器研制为重点，加强海洋战略高技术产品研发和产业化，培育壮大海洋高端制造业。推动专业化海洋高技术园区建设，以绿色技术银行等为载体，推动海水淡化等先进技术向“一带一路”国家转移、转化和推广。

5. 拓展蓝色经济国际合作

推进实施“21 世纪海上丝绸之路”建设，发布《“一带一路”建设海上合作设想》，助推海洋经济“走出去”。将蓝色经济合作列为“中国—欧盟蓝色年”的主要议题，出席中国—欧盟海洋综合管理高级别对话第三次会议，鼓励建立“中欧蓝色产业园”，推动举办“中欧蓝色产业论坛”。与葡萄牙等世界主要海洋国家积极构建蓝色伙伴关系，搭建政府间与企业间沟通与合作的桥梁，深化在海洋资源开发利用、蓝色经济发展等领域的全面合作。举办“中国—小岛屿国家海洋部长圆桌会议”。为佛得角编制海洋经济特区规划可行性研究报告。在联合国海洋可持续发展大会、亚太经合组织、东亚海环境管理伙伴关系组织等国际组织框架下推动和参与蓝色经济相关合作。

第二节　推进海洋经济示范区建设

1. 开展海洋经济示范区建设

研究制定示范区申报、认定、考核评估等配套制度。组织支持第一批海洋经济示范区建设，引导示范区差异化发展，因地制宜推进示范区建设。研究制定支持海洋经济示范区建设的意见，形成政策合力，促使各项政策边际效应最大化。明确示范区示范要点和建设任务，构建公共服务平台，实现政府管理和市场作用的有效衔接，将示范区打造成为海洋经济发展的重要增长极。

2. 开展海洋经济创新发展示范城市建设

开展第二批海洋经济创新发展示范城市遴选与认定。推进首批创新示范城市方案实施和过程管理，以产业链协同创新和产业孵化集聚创新为重点，推进海洋经济创新发展示范城市建设。建立海洋经济创新发展示范管理考核机制，开展示范城市考核评估，做好经验总结和推广。

第三节　引导多元资本支持海洋经济发展

1. 强化政策引导与项目实施

国家海洋局、中国人民银行会同国家发展改革委、工业和信息化部、财政部、银监会、证监会、保监会联合印发关于改进和加强海洋经济发展金融服务的指导意见。推动与中国农业发展银行、中国进出口银行、中国银行和中国工商银行等签署战略合作协议，分别会同国家开发银行、中国农业发展银行制定开发性、政策性金融促进海洋经济发展实施意见。拓展与中国银行等商业银行的战略合作。与各类银行业金融机构协同合作，完善机制，推动重点项目投融资对接。

2. 引导海洋产业与资本市场对接

拓展与深圳证券交易所的战略合作，在沿海主要省市联合组织开展分产业、分领域的海洋中小企业投融资路演活动专场，做好路演活动投融资对接情况跟踪与评估，有效培育海洋中小企业发展壮大。研究探索海洋巨灾保险制度。

3. 搭建海洋产业投融资公共服务平台

完善海洋产业投融资公共服务平台需求分析，推动平台上线运行。结合与相关金融机构的合作，依托平台开展贷款、股权等融资项目征集，充实各类项目库，初步实现涉海企业、金融机构、海洋部门在投融资、政策和管理等方面的信息交互与对接。

第四节　完善海洋经济运行监测评估工作体系

1. 完善业务体系和队伍建设

编制《“十三五”海洋经济运行监测评估业务体系构建总体方案》和《2017 年海洋经济运行监测与评估方案》，明确海洋经济运行监测与评估业务体系中的各工作主体、职责与任务。加强海洋经济运行监测评估队伍建设，充实统计工作岗位，加强技术支撑力量建设，将工作任务落实到每个单位、岗位和人员，进一步发挥各级海洋主管部门在海洋经济统计数据采集、质量控制和分析评估中的作用。

2. 完善工作机制

与国家统计局联合印发《关于做好海洋经济统计工作的通知》，推进各地海洋和统计部门建立完善“统计+海洋”的工作机制。完善海洋经济信息网，推动国务院涉海部门间海洋经济数据共享工作机制常态化运行，推进与国家统计局、海关总署、国家开发银行等部门与单位的数据共享与合作。

3. 健全制度标准

完成《海洋统计报表制度》的修订工作；推进《海岛统计报表制度》《海域使用统计报表制度》的完善；制定《海洋经济运行监测指标体系》《海洋经济监测数据质量控制技术规程》和《主要海洋产品分类目录》等标准规范，为海洋经济运行监测与评估业务体系规范运行提供保障。

第五节　提高海洋经济运行监测评估能力

1. 推进重点企业数据直报

建立健全提高直报数据质量的工作机制，不断完善各省市的企业名录，拓展重点涉海、用海企业直报节点，提高数据报送和报送时效的稳定性，使直报数据成为海洋经济运行监测与评估的重要基础数据来源。加快推进海洋经济运行监测与评估系统业务化运行，以及省级系统和直报系统的融合对接。

2. 拓展季度、月度评估和市级核算

实现海洋经济运行情况季度报告的业务化编制，探索编制海洋经济运行情况月度报告。推进海洋生产总值核算季度试算工作，全面开展市级海洋生产总值核算工作。强化分地区、分产业的海洋经济发展分析评估能力。

3. 研究编制海洋信息服务品

充分发挥引导社会预期、参与和服务决策的作用。继续做好《中国海洋经济统计公报》《中国海洋经济发展报告》《中国海洋发展指数》《中国海洋经济发展指数》《中国海洋统计年鉴》《海洋经济动态》和《海洋经济期刊》等的编制发布。研究编制“蓝色100股票价格指数”“中国海洋工程装备景气指数”“中国海洋经济景气指数”及“海洋经济全方位开放指数”等海洋信息服务新产品。

4. 基本完成调查工作

组织沿海各地做好调查方案的编制、调查系统的布设和调查

人员的选聘与培训。组织做好涉海单位清查、产业调查和专题调查等各阶段的数据采集、数据审核与录入、数据处理、调查表抽查以及资料归档等工作，基本完成调查主体任务，严格开展数据质量控制，有序做好调查成果的验收、编印和发布。

第六节　推动海洋经济智库建设与宣传工作

1. 培育海洋经济智库

打造覆盖海洋经济各领域的国家海洋经济智库体系，推动建立科学规范的智库管理体制和运行机制。重点建设一批具有较强影响力和知名度的国家海洋经济智库，打造覆盖海洋经济各领域的权威专家团队，充分发挥海洋经济智库在海洋咨询建言、理论创新、舆论引导和社会服务等方面的重要功能。

2. 开展海洋经济研究

依托有关科研院所、高等院校，围绕海洋经济发展政策、海洋产业结构调整、海洋经济对外开放等方面，组织开展海洋经济示范区建设与重点产业集群发展、蓝色经济分类标准和指标体系等方面研究。持续做好金融促进海洋经济发展、海洋经济重点产业运行监测评估及标准与方法等的研究工作。为加强海洋经济宏观调控制度建设、完善海洋经济运行监测评估体系和丰富海洋经济发展政策“工具箱”打好基础、做好工作。

3. 加大宣传力度

充分利用各类媒体开展海洋经济宣传，利用“一带一路”国际合作高峰论坛、中国海洋经济博览会、全国海洋宣传日、厦门国际海洋周、亚洲太平洋经济合作组织（APEC）有关活动、中国海洋经济信息网等平台，举办专题发布活动，拓宽服务和宣传范围。做好海洋经济发展“十三五”规划宣贯、海洋经济政策解读及海洋经济运行的信息发布和舆情分析。

第二篇　沿海省份篇

（本篇内容以沿海省份提供的素材为主形成）

第一章　辽宁省

第一节　2016 年海洋经济发展主要成就及举措

2016 年，面对严峻复杂的经济形势，辽宁省以推进供给侧结构性改革为主线，攻坚克难，夯实基础，实现了经济筑底趋稳，社会和谐稳定。据初步核算，2016 年全省海洋生产总值达到 3 661 亿元，占全省地区生产总值的 16.6%。海洋三次产业结构不断优化，由 2011 年的 13.0：43.0：44.0 调整为 2016 年的 11.6：34.0：54.4，初步形成了特色突出、优势互补、充满活力的海洋产业发展格局。

1. 编制海洋经济与海洋事业“十三五”规划

编制完成了《辽宁省海洋经济与海洋事业发展“十三五”规划》，提出了“十三五”时期全省海洋经济与海洋事业发展的总体思路、发展目标、空间布局和重点任务。该《规划》以建设海洋强省为方向，以“创新、协调、绿色、开放、共享”为理念，以积极融入“一带一路”倡议为契机，以沿海经济带开发为载体，以海洋产业优化转型升级为主线，以海洋科技创新为动力，以海洋资源科学利用和生态保护为基础，全力实施“一带”战略，科学开发“两海”，发展壮大海洋产业，促进海洋经济实现持续、健康、快速发展。

2. 启动海洋经济调查

启动了第一次海洋经济调查工作，成立了以副省长为组长，以省发展改革委、工信委等 16 个省直部门为成员单位的海洋经济调查领导小组，以省政府名义召开了全省第一次海洋经济调查领导小组暨海洋经济调查工作会议，印发了《第一次全国海洋经济调查辽宁省调查实施方案》，并率先开展了省级海洋经济调查培训工作，建立了辽宁省海洋经济调查专报和简报报送制度。开展海洋经济调查督查工作，以座谈和查阅资料等方式，对各市调查机构组建、调查实施方案编制、调查经费申请、调查宣传及培训等情况进行了专项督查。

3. 加强海洋经济运行监测与评估工作

一是落实国家海洋局新版《海洋统计报表制度》和《海洋生产总值核算制度》。二是完成了 2015 年度海洋生产总值核算年报数据、2016 年上半年月报和季报数据的统计、汇总和报送工作。三是为推进海洋经济监测系统业务化运行，制定了监测评估系统工作方案和管理规范，明确了监测的产业分类、数据上报、质量控制和数据审核等管理规范。四是完成辽宁省海洋经济运行监测与评估系统与国家海洋局海洋经济运行监测系统的对接工作，按照国家海洋局要求，完成辽宁省非“四上”重点涉（用）海企业监测节点的布设及直报工作。

4. 优化海域资源配置

坚持差异化海域供给政策，重点保障国家和省内重大项目用海需求。坚持“点上开发，面上保护”原则，合理配置海域资源。继续把自然岸线管控纳入省政府对沿海各市绩效考核，叫停 8 个用海项目，避免占用自然岸线 2 千米。

5. 加强海洋环境保护与生态修复

一是划定黄海生态保护红线，红线区面积 6 796. 9 平方千米、自然岸线 788 千米，分别占管控面积和岸线的 25. 4% 和 60. 2%。二是通过专项检查、现场办公和情况通报，有效推进蓬莱 19-3 溢油生态修复项目。三是完成 18 项监测任务，近岸趋势性监测站位增加到 96 个，实现管辖海域全覆盖。四是对全省沿海市县海域发布 24 小时海洋预报。重点加强三大渔场、汛期和冬季海冰期间的海洋灾害预报警报。五是实施“蓝色海湾”整治行动，保护了一批海岸生态景观和自然岸线，恢复了部分近岸生态系统。

第二节　2017 年海洋经济工作重点

1. 全面开展第一次海洋经济调查

根据国家海洋局的统一要求，结合辽宁省自身实际，在全省 14 个市全面开展海洋经济调查工作。本次调查分为前期准备、涉海单位清查、数据采集处理、总结发布和应用开发五个阶段。预计整个调查工作将于 2017 年完成。

2. 完善海洋经济统计核算及运行监测工作

根据国家海洋局印发的海洋经济运行监测方案，制定辽宁省 2017 年海洋经济运行监测方案。完成国家海洋局要求的月报、季报、半年报、年报等相关数据报送，完善涉海企业直报系统，开展涉海企业直报工作。

3. 积极开展海洋经济示范区申报工作

结合《辽宁省海洋经济与海洋事业发展“十三五”规划》的内容，按照《关于促进海洋经济发展示范区建设发展的指导意见》文件精神，组织营口市和大连庄河市申报国家海洋经济示范区，以海洋产业结构调整和生态文明建设为主线，强化海洋综合管理与服务，推进海洋产业转型升级，为全省海洋经济创新发展探索新路径。将城市发展潜力大，示范效果明显的大连市、葫芦岛市作为对象，申报海洋经济创新发展示范城市，引领辽宁经济发展。

4. 培育海洋优势产业

进一步夯实辽宁省海洋经济基础，完善现有海洋产业格局，积极推动海洋高端装备制造、海洋渔业、新能源利用、海洋生物、海洋旅游及海洋文化创意产业、沿海港口建设等领域的发展。通过完善海洋经济发展相关政策，创新海洋科技成果转化机制，规范海洋经济发展制度，对辽宁省海洋及相关产业进行支持和引导。

5. 拓宽海洋经济融资渠道

积极搭建涉海企业融资平台。开展金融支持海洋渔业试点工作。推进上海浦发银行、中国邮政储蓄银行、中国农业发展银行等金融机构支持辽宁省海洋渔业基础设施建设、支持海洋渔业产业发展。

6. 完善海洋经济相关政策及规划

修改完善《辽宁省海洋经济与海洋事业发展“十三五”规

划》。规范并加强人工鱼礁海域使用和管理，拟订《加强人工鱼礁海域管理工作方案》。推进海洋资源可持续利用，拟订《加强渔船管控实施海洋渔业资源总量管理实施方案》。

第二章　河北省

第一节　2016年海洋经济发展主要成就及举措

2016年，面对国内外发展环境错综复杂、各种困难矛盾叠加的严峻考验，河北省委、省政府主动适应经济发展新常态，坚持陆海统筹，着力推动海洋经济实现又好又快发展，为“十三五”海洋经济发展奠定了坚实基础。据初步核算，2016年全省实现海洋生产总值2 283亿元，占全省地区生产总值比重达到7.2%，比上年提高0.1个百分点。

1. 海洋产业结构持续优化

河北省积极调整优化海洋产业结构，不断打造竞争新优势，海洋三次产业结构由2015年的3.6∶46.4∶50.0调整到2016年的3.4∶44.8∶51.8，第三产业比重提高1.8个百分点。海洋渔业方面，坚持以生态优先、养殖为主，养殖、增殖、捕捞、加工、休闲兼顾，着力打造沿海高效渔业产业带。海洋交通运输业方面，统筹推进秦皇岛港、唐山港、黄骅港码头、航道等基础设施建设，有效整合省内港口资源，能源大港向综合大港、贸易大港转变初见成效。海洋旅游业方面，进一步加快滨海旅游产业聚集区建设，滨海旅游呈现差异化、联动化发展。海洋化工业方面，以盐化并举为重点，完善了盐-碱-氯、溴、氢产品链，建设了一批现代海洋化工产业园。

2. 海洋基础设施日趋完善

港口建设实现跨越式发展，截至2016年年底，全省沿海港口生产性泊位达到199个，设计能力突破10亿吨，实际吞吐能力达到10.4亿吨，比2010年增长近1倍，跃居全国第2位。唐曹公路等竣工通车、唐山客车线正式运营，京秦高速公路加快推进，京秦高速北戴河新区支线、承秦铁路列入国家相关规划，山海关站动车存车场具备存车和整备条件，集、疏、运体系逐步完善。

3. 海洋管理服务能力不断提升

出台了《河北省海洋环境保护规划（2016—2020年）》《河北省海洋经济发展“十三五”规划》和《河北沿海地区发展规划“十三五”实施意见》，编制完成了《河北省海洋主体功能区规划》，深入实施了全省海洋功能区划、海岸线保护与利用规划和海域、海岛、海岸带整治修复保护规划。着力推进简政放权，减少审批层级，下放了海上风电、海底电缆管道、海上透水构筑物的用海审核、审批权力。以保障国家重大项目用海需求为重点，积极协调，着力做好海兴核电、沧州液化天然气、曹妃甸千万吨炼油、首钢二期、华电海上风电和渤西油气田 6 个重大用海项目服务。

4. 海洋生态环境保护力度持续加大

围绕建设“美丽海洋”总目标，深入开展海洋生态文明建设。通过强化日常督导检查，推动全省海域海岸带整治修复项目实施，全面实施北戴河及相邻地区近岸海域环境综合整治项目，秦皇岛市成为全国首批蓝色海湾整治行动重点城市。着力加强市、县两级海洋环境监测机构建设，启动了省级海洋生态环境监督管理系统建设，开展了北戴河海域海洋环境监测预警，完善了监测要素和站点布局，入海河口和排污口实现全面监视监测。同时，加强重点时期和重点区域的执法巡查频次和力度，日常巡查工作实现管辖海域全覆盖。完善执法程序，严格落实执法责任，推进依法行政，先后开展了“碧海”“海盾”“护岛”等专项执法行动。

第二节　2017 年海洋经济工作重点

2017 年，河北省将紧紧把握京津冀协同发展、“一带一路”、环渤海合作发展等国家战略机遇，以新理念引领海洋经济发展，以供给侧改革推进结构性调整，进一步做大沿海经济总量，努力实现海洋经济主要指标增速高于全省平均水平。

1. 强化基础设施建设，着力拓展完善港口功能

支持建设集装箱、散杂货、油气及液化等公用码头，加快曹妃甸大型炼化项目配套油码头、黄骅原油码头等项目建设，积极推进京唐港区25万吨级航道和23至25号多用途码头前期工作。

2. 放大资源优势，着力优化产业支撑

积极推进临港重化工业和先进制造业发展，培育壮大战略性新兴产业和现代服务业，突出发展海洋特色产业，培育壮大渤海新区海洋产业园，在秦皇岛、曹妃甸区等地建设海洋生物产业园。

3. 推动临港新城建设，着力打造滨海新空间

以建设环渤海特色临港新城为目标，构建新型城镇化格局，快速提升新城产业发展集聚度、城市功能完备度以及对各类人才的吸引力，增强海洋经济发展潜力。

4. 加强海洋综合管理，推进海域集约节约利用

严把项目准入关，积极引导项目向曹妃甸、渤海新区等区域用海规划范围内已填成陆区聚集，保障重大项目、民生项目用海。严格保护自然岸线，逐级细化分解自然岸线保有率控制目标。加强建设项目生态用海审查，实现生态环境影响最小化。抓好以北戴河海域为重点的整治修复工作，对受损的沙滩、海域和海岸线进行修复。

5. 做好第一次全国海洋经济调查，提高宏观决策支持能力

按照国家海洋局统一部署，有序开展海洋经济调查工作，摸清全省涉海单位基本情况，查实海洋产业和海洋相关产业发展状况，完善海洋经济基础信息，建立全省涉海单位名录和海洋经济地图，为海洋经济长远发展提供重要依据。

6. 强化政策引导，促进海洋经济健康发展

认真抓好财政、用海用地、产业、科技、人才和金融等八个方面的支持海洋产业发展配套政策的落实，引导全省海洋经济转型升级和集聚发展，用好、用足北戴河生命健康产业创新示范区、秦皇岛科技兴海示范基地等先行先试契机，扶持一批园区、基地发展，打造海洋经济发展新平台，助推河北沿海地区率先发展。

第三章　天津市

第一节　2016年海洋经济发展主要成就及举措

2016年，在国际能源、航运等市场低迷和国内经济下行压力加大的大背景下，天津市推进海洋经济供给侧改革，加快海洋经济发展方式转变，海洋经济总体平稳、稳中向好。据初步核算，海洋生产总值达到5 094亿元，占地区生产总值比重的28.5%。海洋三次产业结构持续优化，海洋第三产业比重与上年相比提高了2.4个百分点。

1. 海洋战略性新兴产业增长迅速

海洋战略性新兴产业快速增长，成为全市海洋经济重要增长点。海水利用业带动海洋盐业、海洋化工业不断转型升级，海洋装备制造产业快速壮大，一大批龙头企业快速成长。海洋经济创新发展区域示范项目带动作用初步显现：海洋工程装备制造项目29个，累计完成投资12.4亿元，博迈科公司成功上市；一大批海洋装备技术成果逐步产业化，高精度称重装备、三维重载液压调整装备、水下滑翔机等一批海工装备技术填补国内空白，打破国外技术垄断。海水综合利用项目15项，累计完成投资5.3亿元。膜组件、循环冷却药剂、能量回收装置、成套海水淡化装置等一系列科研成果达到国际水平，为逐步实现海水淡化工程国产化奠定了基础。

2. 海洋支柱产业平稳发展

海洋油气、海洋化工、海洋工程建筑、海洋交通运输和滨海旅游业五大支柱产业稳中有进。原油产量屡创新高，渤海油田年产量达到3 000万吨油当量，形成了从勘探开发到炼油、乙烯、化工生产的完整产业链。滨海旅游持续升温，邮轮母港全年停靠142艘次，相比2015年增幅近48%；进出港7 105万人次，同比增长65.9%。国家海洋博物馆主体建筑结构工程已完成，累计征集藏品5万件。中国旅游产业园建设加快，航空母舰主题公园、俄罗斯风情街开街运营。

3. 海洋服务业不断壮大

涉海金融、海洋科研教育管理、海洋环境保护和海洋文化等海洋高端服务业迅速发展，成为海洋服务业发展的新生力量。融资租赁业创新发展，在全国形成领先优势，国际航运船舶和海工平台租赁业务分别占全国的80%和100%。涉海租赁业务范围包括船舶、集装箱、高端设备等全领域，业务辐射全球6大洲80余个国家。首个游艇俱乐部“一洋国际游艇会”正式运行，中澳皇家游艇城开工建设。

4. 海洋传统产业加快升级

在海洋战略性新兴产业和高端服务业的带动下，海洋制盐、海洋船舶制造、海洋渔业等传统产业加快转型。海水淡化及综合利用产业带动海洋盐业、海洋盐化工业升级，海洋渔业向冷链物流、仓储加工、休闲渔业等服务性现代渔业方向转型，海洋船舶制造业逐步向高技术、高附加值船舶、装备制造领域发展。

5. 海洋经济创新能力有效提升

坚持科技创新引领，不断提高海洋科技自主创新能力，推动形成以创新为主要引领和支撑的海洋经济体系和发展模式，开展海洋科技自主创新，推进海洋科技成果转化，打通产学研用链条，依托各类海洋创新平台、涉海大学及涉海企业技术研发中心，培育、引导海洋科技成果产业化。天津大学与主要海洋工程装备企业开展研发与产业化对接，海华开发中心研发的海洋观测台站、实验室盐度计等产品占领国内市场。加快海洋科技平台建设，形成了海洋信息与预报服务、海洋标准与计量检测、海洋环境保护与生态修复、海洋资源开发利用与评价四类特色鲜明的海洋科技创新服务平台。

6. 海洋产业集聚效应明显增强

优化海洋产业布局，以产业园区为载体，以产业链为纽带，延伸完善海洋经济产业链，提升海洋产业附加值，重点打造五大海洋产业集聚区，推进海洋产业集约高效发展。南港工业区围绕大项目落地，推动公用工程、安全设施和交通体系建设，基础配套建设新建项目 50 项，南港口岸正式开放。临港经济区海洋产业增加值约 124 亿元，同比增长 19%，占园区生产总值比重达到 58%。天津港港口货物吞吐量完成 5. 5 亿吨，集装箱吞吐量 1 450 万标准箱。累计开发了 10 条内外贸集装箱新航线，在呼和浩特市和巴彦淖尔市设立 2 个无水港，中蒙俄经济走廊建设有序推进，国际道路货运开通试运行。塘沽海洋科技园集聚海上油气开采服务、海洋工程装备、海洋工程建筑、海洋船舶工业、海洋交通运输和海洋化工六大涉海产业。中新天津生态城国家海洋博物馆、东堤公园、遗鸥公园等城市品牌项目相继在天津滨海落地。

7. 海洋综合管理体制机制不断完善

一是制定政策文件。印发实施了“天津市海洋经济科学发展示范区建设 2016 年工作计划”、《天津市海洋经济和海洋事业发展“十三五”规划》《天津市海洋主体功能区规划》《天津市科技兴海行动计划（2016—2020年）》。二是落实围填海计划指标。严格执行《国家发展改革委、国家海洋局关于加强围填海规划计划管理的通知》（发改地区〔2009〕2906号）有关规定，注重围填海资源的优化配置和节约集约利用，严格规范计划指标的使用。2016年共落实围填海指标1 900公顷，保证了天津市海洋项目建设用地需求。三是开展海洋科技创新示范。推进“十二五”海洋经济创新发展区域示范项目建设，2016年在建区域示范项目43个，累计完成投资16.7亿元。组织塘沽海洋科技园、临港经济区北部片区申报国家海洋经济示范区，组织临港经济区海洋高端装备产业示范基地申报“国家科技兴海产业示范基地”。

第二节　2017年海洋经济工作重点

2017年，深入贯彻习近平总书记视察天津时提出的“三个着力”要求，牢固树立和贯彻落实五大发展理念，坚持稳中求进的工作总基调，以推进海洋领域供给侧结构性改革为主线，加快转变海洋经济发展方式，强化海洋科技创新引领，推进天津海洋经济科学发展示范区建设再上新水平。

1. 培育壮大海洋战略性新兴产业

加快海洋产业结构调整，促进海洋产业转型升级和提质增效。继续推动实施好“十二五”区域示范在建项目。指导滨海新区政府开展海洋经济创新发展示范城市建设。积极推动临港经济区国家科技兴海产业示范基地、国家海洋局天津临港海水淡化与综合利用示范基地建设。筹办好第三届中国（天津）国际海工装备和港口机械交易博览会。

2. 拓宽海洋产业多元化融资渠道

发挥财政资金的引导作用，推动设立海洋经济发展引导基金、融资租赁补贴支持设备升级、“两行一基金”重大涉海项目申报等工作，加大对海洋产业的支持力度。

3. 推动各项支持政策落地

贯彻落实好 7 个方面支持海洋经济发展的政策，发挥政策实效，助推产业发展。协助涉海企业充分参与到“一带一路”建设、京津冀协同发展等国家战略中，用好用足国家给予的支持政策，推动海洋产业发展。

4. 提升海洋科技支撑引领能力

深入实施《天津市科技兴海行动计划（2016—2020）》。完成“十二五”科技兴海项目验收收尾工作。组织 2015 年度国家海洋公益性项目中期检查。推进实施科技兴海项目后评估制度，提高项目管理水平。

5. 开展第一次全国海洋经济调查

按照国家海洋局部署要求，稳步推进天津市海洋经济调查工作，搭建海洋经济调查平台，摸清海洋经济家底，开发全市海洋经济调查成果，为海洋经济发展提供支撑。做好海洋经济运行监测与评估工作。

第四章 山东省

第一节 2016年海洋经济发展主要成就及举措

1. 海洋经济综合实力进一步增强

山东省瞄准“蓝、高、新”，加快“转、调、创”，海洋生物、海洋装备制造、现代海洋化工、滨海旅游等主要海洋优势产业发展迅速，现代海洋产业体系基本建立。海洋化工、海洋渔业、海洋生物医药、海洋装备制造等产业规模居全国前列。组建成立了山东半岛蓝色经济区第七个产业联盟——海洋观测装备产业联盟，七大海洋产业联盟集聚海洋优势企业200多家，拥有上、下游配套企业超过千家，打造了海洋企业“抱团聚力”发展新模式。初步核算，2016年山东全省实现海洋生产总值13 285亿元，占全省地区生产总值比重的19.8%。

2. 海洋特色园区集聚承载实力不断壮大

按照打造具有较强国际竞争力的现代海洋产业集聚区的战略定位，着力培育海洋特色产业园区，突出重点，打造亮点，园区建设成效显著。目前，第一批18家省级海洋特色产业园入驻涉海企业近5 200家，占园区企业总数的67.5%，在海洋装备制造、海洋生物制药等领域发挥了良好的集聚引领效应。持续推动以青岛西海岸新区为龙头的“四区三园”的建设发展，青岛西海岸新区现已拥有3万多家企业，世界500强企业投资项目80多个，集聚了港口航运、石油化工、家电电子、船舶海工、汽车及零部件和机械六大千亿级产业集群。潍坊滨海新区海洋化工产业发展迅猛，盐化工、溴化工等产业实现系列化，纯碱、氯化钙产量和市场占有率居世界第一；海洋动力装备产业处于领先地位，潍柴大型船舶动力制造基地具备世界最高级别的MAN大功率柴油机生产水平，是我国唯一拥有船舶动力全系列化中速机产品的企业。威海南海新区着力打造以先进装备制造业、新材料产业、电子信息产业等为主的蓝色产业体系，引进亿元以上产业项目100多个，总投资600多亿元。中德生态园牵头成立了国内首家工业4.0联盟——青岛中德工业4.0推动联盟，突出与德国的合作，坚持特色，打造中外双边合作典范。

3. 海洋科技创新能力加快提升

2016年年底，蓝色硅谷已累计引进重大创新创业项目170余个，其中国家级科研机构15个。青岛海洋科学与技术国家实验室、国家深海基地以及我国首个海洋设备质检中心都落户青岛，以蓝色经济为特点的检验检测认证服务体系初步建立。烟台海洋产权交易中心发起成立了全省第一支海洋产业基金——“海上粮仓”建设投资基金，开展了海域招标出让、海域使用权挂牌流转等多项业务。威海市成功引进了“海洋资源生物活性肽研发及产业化项目”“海洋探矿采矿系列水下机器人研发与产业化项目”等4个市级蓝色领军人才团队项目，引进高层次涉海人才17人，带动各方投资1.2亿元。潍坊落实职业教育创新发展试验区省部共建协议，推进山东（潍坊）海洋科技大学园建设，目前大学园已有19所院校、科研机构入驻。

4. 沿海港口保持持续稳定发展

2016年，山东省沿海港口货物吞吐量累计完成14.3亿吨，同比增长6.4%，居全国第二位，其中外贸吞吐量居全国第一位，集装箱吞吐量居全国第三位。青岛港全年货物吞吐量突破5亿吨，稳居全球港口第七位，在疏运、功能拓展和“全程+金融”融合发展新模式带动下，40万吨大型矿船靠泊占进入国内大船总数的70%，混矿业务量位居全国沿海港口首位。烟台港全年货物吞吐量2.7亿吨，同比增长5.8%，铝矾土进口量、对非洲口岸贸易量、石油焦进口量等指标稳居全国首位。日照港完成货物吞吐量3.5亿吨，同比增长3.9%，金属矿石、煤炭、原油等运输量持续扩大。

图 2-1 烟台港

图 2-2 日照港

5. 蓝色经济对外合作成效显著

山东省不断加快海洋经济领域对外开放的步伐。2016 年日照市完成与“一带一路”国家贸易额 185. 3 亿元，对“一带一路”国家项目投资 1. 7 亿美元，日照（柬埔寨）产业园、岚桥集团筹建玛格丽特岛港口项目等 12 个境外建设项目进展顺利，中澳（日照）产业园、澳中（达尔文）产业园等 7 个中外合作园区正在加快推进。青岛市滚动完善“一带一路”建设重大项目储备库，筛选入库项目达 165 个，总投资 4 600 多亿元。项目涉及哈萨克斯坦、印度尼西亚、柬埔寨等 35 个国家和地区，15 个“走出去”项目入选国家“一带一路”重点项目库。

第二节　2017 年海洋经济工作重点

1. 强化转型升级，加快构建现代海洋产业新体系

以推动海洋产业供给侧结构性改革为重点，加快海洋经济新旧动能转换，推动海洋传统产业转型升级，壮大海洋战略性新兴产业，打造海洋战略性新兴产业集群、现代海洋渔业产业集群、海洋高端制造业基地和现代海洋服务业先行区，培育海洋经济发展高地。做大做强已成立的海洋生物产业、海工装备制造、海洋化工和海洋动力装备等七大海洋产业联盟，集聚更多的海洋产业，充分发挥好示范带动作用。

2. 强化创新驱动，不断增强海洋经济发展新动力

深入实施创新驱动发展战略，培育海洋经济发展内生动力，推进海洋产业向中高端水平不断迈进。打造一批海洋科技研发公共服务平台和海洋产业技术研发转化中心、推广中心和孵化基地。

继续深入实施蓝色产业领军人才计划，加强创新型海洋科技领军人才队伍建设。积极探索“蓝色智库机制”，建立国内外一流专家资源库，实行动态有效的智库管理。

3. 强化基础设施支撑，持续提升发展保障能力

完善海岸带开发保护规划，打破区域、行业各自规划现状，实行“多规合一”。重点解决跨区域基础设施瓶颈制约，突出互联互通，促进要素资源在更大范围内合理流动、高效配置。推进青岛董家口港、日照岚山港等港口建设，提升青岛港集装箱码头与烟台港西港区服务水平。探索实施“胶东海上调水工程”，积极开发海上新能源，实施潮汐能、波浪能和海流能的海洋可再生能源发电示范项目。

4. 强化重点项目建设，充分发挥投资拉动作用

积极发挥投资对海洋经济的拉动作用，用好省级专项投资基金，发挥好政府资金的引导作用，促进各市投资规模和质量不断提升。进一步做好涉海项目建设和储备，推动各市建立涉海重点项目库，每年引进或新建一批重大项目。深入实施“海上粮仓”工程，推动一批现代渔业园区、海洋牧场等重点项目建设，带动海洋渔业转型发展。协调推进山东海洋产权交易中心、威海国家浅海海上试验场、国家海产品质检中心和中国海参交易中心等一批海洋经济重点平台和项目建设，为海洋经济持续健康发展提供

有力支撑。

5. 强化开放合作，全面推动全融合一体化发展

顺应经济全球化和区域经济一体化发展新趋势，创新区域合作模式，构建开放型海洋经济新体制。积极参与建设“一带一路”、环渤海、京津冀等国家战略，集中推进一批海洋经济领域的重大合作项目以及海洋经济园区、海洋科技园区和远洋渔业基地的建设，支持各市主动承接京津冀优势产业、科教等资源的转移，把山东半岛打造成环渤海地区重要的开放门户。加快东亚海洋合作平台建设，着力打造东亚海洋合作核心区。抓好中韩自贸区地方经济合作示范区建设。

6. 强化改革创新，积极破解企业发展瓶颈

加强海洋经济形势研判，开展海洋经济形势宣传和一些重大政策解读，稳定社会预期。深入开展开发性金融促进海洋经济发展试点，开展海洋领域融资租赁、融资业务担保。积极鼓励民间资本发起设立民营银行，支持银行设立专门服务海洋经济的分支机构。推行 PPP 项目建设模式，发展各类产业投资基金和创业投资基金，大力引导社会资本投入项目建设。充分发挥好区域专项资金的作用，对中小企业在技术改造、专业技术人才培养引进、技术研发中心建设等方面给予扶持，引导企业加快转型发展。

第五章　江苏省

第一节　2016年海洋经济发展主要成就及举措

2016年，江苏省海洋经济发展呈现总量提升、结构优化、动能增强的良好态势，海洋经济在全省国民经济和社会发展大局中的地位日益突出，在全国海洋经济版图中的重要性稳步提升。据初步核算，2016年江苏省海洋生产总值6 074亿元，占全省地区生产总值比重的8%。由于滨海旅游业、海洋科研教育管理服务业以及其他涉海服务业快速发展，江苏省海洋第三产业比重进一步提高，海洋经济结构进一步优化。

2016年，江苏省沿海沿江港口生产总体平稳，完成货物吞吐量18.8亿吨，同比增长5.2%，其中外贸吞吐量增长速度更快。海洋船舶工业生产继续走在全国前列，造船完工量、新船承接订单量和手持订单量三大指标分别为1 493.3万载重吨、424.2万载重吨和3 910.8万载重吨。

海工装备产品数量和产值均占全国1/3，南通中远船务工程有限公司先后交付了世界最先进的首座超深水海洋钻探储油工作平台、世界首艘带有自航能力的自升式海洋工作平台等多个高端海工产品，几乎覆盖了从浅海到深海、从油气平台到海洋工程船舶的各种类型，成为我国海洋工程装备制造业的领军者。2016年，江苏省海上风电装机容量达到111万千瓦，位居全国首位，风力发电机、高速齿轮箱等风电设备关键部件产量约占全国一半。

1. 继续支持沿海地区发展

2016年，江苏省委、省政府出台了《关于新一轮支持沿海发展的若干意见》。该文件从推动供给侧结构性改革、产业转型升级、创新驱动发展战略等13个方面，提出了45条措施，旨在推动沿海地区加快建成我国东部地区重要的经济增长极和辐射带动能力强的新亚欧大陆桥东方桥头堡。推进重要节点开发，江苏省政府先后出台了进一步支持大丰港、洋口港加快发展的政策意见。

2. 实施海洋经济创新发展区域示范

通过政产学研用强强联合，江苏省在海洋装备、海洋生物等领域突破了产业发展的部分技术瓶颈，推动了产业协同发展。2016年，海洋经济创新区域示范21个实施项目完成总投资9.9亿元，转化高新技术成果30多项，新增产值超过30亿元。2016年10月，南通市成功获批国家海洋经济创新发展示范城市，成为首批入围的8个沿海城市之一，“十三五”期间将获得3亿元中央财政资金支持，重点实施七大类海洋高端装备领域产业链协同创新项目。推进海洋装备、海洋生物两个省级产业联盟建设，大丰科技兴海产业示范基地获得国家海洋局考评“优秀”。

3. 推进海洋经济规划编制

作为江苏省政府重点专项规划，《江苏省“十三五”海洋经济发展规划》已于2017年1月正式发布。该《规划》在空间布局上提出了提升“一带”（“L”型海洋经济发展带）、培育“两轴”（沿东陇海线海洋经济成长轴、淮河生态经济带海洋经济成长轴）、做强“三核”（连云港市“一带一路”交汇点核心区、盐城市国家可持续发展实验区、南通市陆海统筹发展综合配套改革试验区）的新思路，对江苏“十三五”海洋经济发展具有重要指导作用。为了落实主体功能区战略，江苏省发展改革委、省海洋局共同组织编制《江苏省海洋主体功能区规划》。目前，规划文本已通过国家发展改革委、国家海洋局的初步审查。

4. 加强海洋经济创新示范园区建设

为深入贯彻落实党的十八大提出的海洋强国战略，培育具有较强支撑作用的海洋经济创新发展载体，江苏省海洋局会同省发展改革委、省沿海开发办公室联合编制了《江苏省海洋经济创新示范园区认定管理办法》。经过各有关方面的共同努力，第一批江苏省海洋经济创新示范园区认定并正式公布。

5. 强化海洋经济运行监测与评估

为加强海洋经济运行监测与评估工作，经江苏省机构编制委员会办公室批准，正式成立了江苏省海洋经济监测评估中心。建成江苏省海洋经济运行监测与评估系统，制定省、市、县三级海洋生产总值核算方案，完成海洋经济统计，分别对重点涉海企业和海洋产业园区、沿海开发重大项目、用海企业、海洋经济创新示范项目等不同监测对象开展了月报、季报、半年报和年报监测，为及时、科学掌握海洋经济运行情况提供了有力支撑。定期发布海洋经济年度公报和海洋经济发展年度报告，编制完成《江苏省海洋经济地图》。

第二节 2017年海洋经济工作重点

1. 加强海洋经济宏观指导

组织召开现代海洋经济发展座谈会，加强对现代海洋经济发展政策理论研究，印发江苏省委、省政府《关于加快发展现代海洋经济的若干意见》。组织实施好《江苏省“十三五”海洋经济发展规划》，按照提升“一带”、培育“两轴”、做强“三核”的产业布局，引导全省海洋经济转型升级和集聚发展。推进海洋经济供给侧改革，做大做强高端海洋装备、海洋药物和生物制品、高效健康海水养殖等产业，努力增加有效供给，进一步化解船舶过剩产能，着力减少低效供给、消除无效供给。转换海洋经济增长动能，坚持创新驱动，大力实施科技兴海战略，提高海洋产业核心竞争力。完成《江苏省海洋主体功能区规划》编制工作，进一步优化江苏海洋空间开发格局，保护海洋生态环境。

2. 做好海洋经济创新示范园区建设

根据《江苏省海洋经济创新示范园区认定管理办法》有关规定，继续打造一批海洋经济创新示范园区，并研究出台相关优惠政策，扶持园区发展，鼓励沿海各市积极申报国家海洋经济示范区，打造区域性海洋功能平台，进一步推进全省海洋经济转型升级。

3. 支持海洋经济创新示范城市建设

高水平推进南通海洋经济创新发展示范城市建设，实施海工装备、深远海立体观测装备、南极磷虾资源开发利用等七大类产业链协同创新重大项目，全年计划完成总投资 8 亿元，转化高新技术成果 20 项，实现新增产值 18 亿元。通过财政资金引导，鼓励和支持南通市政府加强政策集成，实行产业链协同创新和孵化集聚创新，加快成果转化和产业化，推进南通市乃至全省海洋经济转型升级。

4. 引导金融促进海洋经济发展

鼓励和引导国家开发银行江苏分行、省农业银行、省邮政储蓄银行等金融机构推出特色鲜明的金融产品，满足海洋经济领域内企业多元化的融资需求。通过涉海部门、银行、科研院校和龙头企业等跨界合作，克服海洋经济发展短板，协调推进海洋经济发展。

5. 做好海洋经济运行监测、评估和海洋经济调查

完善海洋经济运行监测与评估系统，继续做好海洋经济统计、核算等工作，及时发布《2016 年江苏省海洋经济统计公报》，编制发布江苏省海洋经济发展指数，高质量完成《江苏省海洋经济发展报告（2017）》。根据国家海洋局统一部署，做好江苏省第一次全国海洋经济调查工作，形成各项调查成果，摸清海洋经济家底，指导海洋经济特色化、差别化、科学化发展。

6. 加快推进海洋生态文明建设

严格落实功能区划和生态规划管控措施。认真落实海洋功能区划制度、《江苏省海洋生态红线保护规划（2016—2020）》和即将出台的《江苏省海洋主体功能区规划》。组织制定《江苏省海洋生态红线实施监督管理办法》，确保海洋生态保护红线区面

积不减少、生态不恶化。推进海洋生态补偿管理制度创新。当前重点要按照国家“三个一批”（完善备案一批，整顿规范一批、关停退出一批）要求，做好海洋工程建设项目领域“未批先建”项目的清理整顿工作。对不满足海洋功能区划和海洋生态保护红线管控要求，或未通过备案和海洋环评审批的未批先建项目，都要纳入关停退出范围。

强化近岸海域水质监测与污染防治。认真落实国家海洋局、环境保护部联合印发的《江苏省近岸海域水质状况考核方案》，以改善水环境质量为核心，通过陆上减，海上治，综合管，争取近岸海域水质状况稳中趋好。加强与国家海洋环境监测机构和江苏省环保部门的沟通与协调，建立海洋环境监测数据共享机制，促进联防联治，齐抓共管。继续推进县级海洋环境监测机构建设，加强海洋生态环境监测与评价，切实提高海洋环境监测评价与保护能力。推进对浒苔绿潮、马尾藻和赤潮等的监视监测和处置工作。

加强海洋工程项目环境监管。按照国家对环评管理的新要求，以改善环境质量为核心，认真落实“生态保护红线、环境质量底线、资源利用上线和环境准入负面清单”（三线一单）约束，切实加强环境影响评价管理，建立项目环评审批与规划环评、现有项目环境管理、区域环境质量联动机制（“三挂钩”机制），更好地发挥环评制度从源头防范环境污染和生态破坏的作用，切实改善海洋环境质量。组织制定《关于加强海洋工程环境保护监管工作的意见》，加强各类工程的事中、事后监管，加大对涉海项目“三同时”检查力度。

加强海洋生态修复。加强滨海湿地保护与管理，组织制定《江苏省海洋特别保护区管理暂行办法》，推动建立一批省级海洋特别保护区（海洋公园）。积极申报和实施国家“蓝色海湾”“南红北柳”和“生态岛礁”等重大海洋生态修复工程项目，建立生态修复与整治项目库，推进海岸线保护与海洋环境生态修复。制订《江苏省沿海蓝碳保护行动计划（2017—2020年）》，并积极开展试点工作。

7. 继续强化海域海岛管理

认真落实国家海洋局《海岸线保护与利用管理办法》和《围填海管控办法》。研究制定《江苏海岸线保护与利用规划》，明确各类型岸线的管理要求和保护方向，建立岸线整治修复项目库，确保江苏省自然岸线保有率指标。出台《关于加强围填海管控的意见》，制定江苏省项目用海控制指标。开展省级海洋功能区划修编工作。强化围填海全过程监管和区域建设用海规划管理，全面完成县级海域动态监管能力建设任务，进一步发挥海域动态监视监测作用，开展江苏省风电用海项目核查和海域使用后评估工作，做好重大项目用海审批服务。

第六章　上海市

第一节　2016年海洋经济发展主要成就及举措

上海市始终重视对海洋经济的宏观指导与支持，2016年2月发布的《上海市国民经济和社会发展第十三个五年规划纲要》，提出要“合理利用滨海沿江岸线和海域海岛资源，发展海洋经济”“船舶产业向高端船舶和海洋工程装备产业升级，形成研发设计、总装建造、关键设备和技术服务于一体的海洋工程产业体系”“深远海洋装备等领域填补国内空白”。2016年6月通过的《上海市推进国际航运中心建设条例》从规划和基础设施建设、航运服务体系建设、航运科技创新建设、航运营商环境建设等方面对上海建设国际航运中心做了详细阐述。特别提出“引导和支持骨干船舶制造企业建设国家级的船舶、海洋工程装备以及船用设备研发实验中心”“鼓励船舶制造企业重点研发大型集装箱船、液化气船、邮轮等船舶”。此外，在国家海洋局、国家开发银行联合下发《关于开展开发性金融促进海洋经济发展试点工作的若干意见》的指导下，上海市海洋局与国家开发银行上海市分行建立了工作联络机制、签订了合作框架协议、确定了“十三五”工作目标、梳理细化了重点支持的产业领域并初步搭建了投融资服务平台。截至2016年年底，已有2个试点项目完成了前期工作，即将进行融资签约。

在一系列政策的支持下，2016年上海市海洋经济实现平稳发展，海洋产业结构持续优化。据初步核算，全市海洋生产总值7 311亿元，占地区生产总值的26.6%。海洋产业布局不断完善，初步形成“两核、三带、多点”的海洋产业发展格局：包括临港海洋产业发展核、长兴岛产业发展核，杭州湾北岸产业带、长江口南岸产业带、崇明生态旅游带以及北外滩、张江、外高桥等各具特色的海洋产业发展点。海洋产业结构调整步伐加快，初步形成以海洋船舶工业、海洋交通运输业、滨海旅游业和海洋渔业等传统海洋产业为支撑，以海洋工程装备制造、海洋生物医药、海洋新能源等海洋战略性新兴产业为新增长点的海洋产业体系，海洋三次产业结构比重为0.1∶33.9∶66.0，显现出以第二、第三产业为主导的态势，其中第二产业比重有所下降，第三产业比重持续上升。

1. 海洋船舶工业及海洋工程装备制造业

上海船舶行业整体出现小幅下降的迹象，交付新船653万载重吨，同比下滑11.3%；新接订单614万载重吨，同比增长16.1%。在高端船舶领域，上海坚持以高技术船舶为突破点，持续发力，40 万载重吨超大型矿砂船、18 000~21 000 标准箱超大型集装箱船等高端船型制造实现批量化，17.4 万立方米液化天然气（LNG）运输船、世界最大的 3.75 万立方米液化乙烯（LEG）运输船、自主设计制造的全球最先进的 3.8 万吨双相不锈钢化学品船、自主研发设计的世界最大容量 8.3 万立方米超大型液化气体运输船等船型进入世界先进行列。在海洋工程装备领域，市场面临延期交付乃至撤单的不利形势。振华重工、外高桥造船厂继续保持传统优势，先后交付多个海工产品，彰显了雄厚的海工装备建造能力。在船舶海工配套领域，作为全国重要的船用柴油机研发生产中心，上海在自主品牌大功率中速柴油机、薄膜型液化天然气船维修和薄膜式燃料舱改造等方面发展迅速，填补了国内空白；在液化石油气（LPG）运输船、超大型液化气体运输船的船用低温钢板研制方面取得突破。宝钢集团已成为国内首家获得美国船级社（ABS）液化石油气船用-75℃低温钢板认证证书的钢铁企业，打破了国外钢厂在此类船用高强韧钢板研制领域的垄断。

2. 海洋交通运输业及航运服务

受全球经济下行影响，2016 年上海海洋交通运输业发展缓慢。上海港面临来自内需和外需两方面的多重困难和多重挑战，全年全港完成货物吞吐量 7.02 亿吨，比上年下降 2.2%。从内外贸情况看，内贸货物大幅度下降态势有所改观，同比下降 5.2%；外贸货物突破零增长局面，实现同比增长 0.6%。全年完成集装箱吞吐量 3 713.3 万标准箱，同比增长 1.6%，继续保持世界第

图 2-3　江南造船厂

一。上海围绕航运中心建设，调整航线航班，优化口岸环境，提高通关效率。洋山港四期集装箱码头基本建成，系统进入联合调试阶段，自动化码头基本具备试运行条件。同时，中远集团、中海集团两家国内航运巨头重组，成立中远海运集团有限公司，总部设在上海，大大增强了上海海洋交通运输业的实力和发展潜力。

现代航运服务加速发展，航运运价指数正式发布，专业化航运金融部门和航运服务机构相继成立，船舶融资、航运保险不断发展，航运金融衍生品不断丰富。上海航运运价交易有限公司（SSEFC）的中远期运力交易产品包括上海出口集装箱、中国沿海煤炭、国际干散货（期租）三大航运运力交易品种，覆盖了航运市场主要货种及航线。上海清算所的人民币远期运费协议（FFA）清算产品也愈发丰富。

3. 滨海旅游业

滨海旅游业拉动消费成效明显，金山滨海金沙、奉贤城市沙滩、崇明生态岛等海洋主题景区收入实现较快增长，上海海昌极地海洋世界建设步伐加快。邮轮产业积极对接市场，推进在邮轮口岸实施特定时限内的过境和出入境免签政策，设立进境和出境双向便利的免税购物商店。2016 年上海国际邮轮停靠和旅客吞吐量大幅增长，上海港共靠泊邮轮 509 艘次，同比增长 47.9%；邮轮旅客吞吐量 289.38 万人次，同比增长 75.9%。其中，以上海为母港的靠泊次数为 482 艘次，同比增长 50.6%；母港邮轮旅客吞吐量 282.9 万人次，同比增长 77%。

图 2-4　金山沙滩

4. 海洋渔业

上海海洋渔业发展基本保持稳定。受近海渔业资源匮乏影响，上海对近海渔业资源实行保护修复，大力发展远洋渔业的路线，重点支持远洋渔业企业不断发展公海水产品深加工，收购并购海外加工企业和品牌，延伸和拓展远洋渔业产业链；重点推进长兴岛横沙等远洋渔业综合基地建设，不断提升国际竞争力。

第二节　2017年海洋经济工作重点

2017年，为有效推进上海海洋经济发展，实现临港、长兴岛两大海洋产业发展核，上海市海洋局重点推进以下几项工作：一是争取尽早印发《上海市海洋发展“十三五”规划》，加强与上海市发展改革委的沟通协调，加快海洋“十三五”规划的审核进程，及时印发，引领海洋经济发展；二是做好做实开发性金融支持海洋经济发展工作，加强与国家开发银行上海市分行的沟通合作，扩大海洋产业投融资服务平台的规模和影响力，切实支持符合政策要求、有前景、有实力的涉海中小企业发展，形成引导、推进开发性金融参与海洋经济建设的示范效应。用好中长期贷款支持海洋产业基础设施建设这一利好政策，不断优化上海海洋经济发展环境；三是争取国家政策扶持，积极支持崇明长兴岛、浦东临港申报国家海洋经济发展示范区，支持浦东临港申报国家海洋经济创新发展示范城市，为上海两大海洋产业发展核营造更加优良的政策环境，注入新的发展动能，引领全市海洋产业发展。

第七章　浙江省

第一节　2016年海洋经济发展主要成就及举措

初步核算，2016年浙江省海洋生产总值6 527亿元，占全省地区生产总值14%。海洋三次产业结构为7.6∶34.5∶57.9，其中海洋第一产业、海洋第二产业比重有所下降，海洋第三产业比重比上年增长1.6个百分点。全省沿海港口货物吞吐量11.4亿吨，同比增长3.7%；集装箱吞吐量2 362万标准箱，同比增长4.7%。其中宁波舟山港货物吞吐量9.2亿吨，同比增长3.5%，连续8年蝉联全球第一；集装箱吞吐量2 156万标准箱，同比增长4.6%，增速居全球五大港口之首。

1. 聚焦重大战略，海洋经济发展平台加快健全

联动推进海洋经济“两区”建设。发挥沿海市县主体作用，

编制任务清单，加强跟踪督促，继续推进海洋经济发展示范区和舟山群岛新区“两区”规划实施。协同推进海港、海湾和海岛开发保护，助推港口经济圈建设。投入新一轮海洋经济发展专项资金，加大政策支持。加快推进舟山江海联运服务中心建设。积极争取国务院批复设立舟山江海联运服务中心，国家发展改革委印发总体方案，举办舟山江海联运服务中心建设推进会。中国船级社规范和技术中心舟山办公室挂牌运作；宁波航运交易所“海上丝路集装箱指数”登陆波罗的海交易所；浙江海港大宗商品交易中心完成工商注册。突出抓好海洋经济重大平台建设。加快宁波海工装备及高端船舶基地等海洋特色产业基地建设；象山海洋综合开发与保护试验区等5个省级试验区建设顺利推进。实施海洋经济重大项目年度计划，舟山绿色石化园区建设加快推进，波音737完工和交付中心落户舟山，舟山港综合保税区肴山分区一期封关并通过省级联合验收，舟山国家远洋渔业基地加快建设，舟山国家石油储备基地建成投用，世界首台3.4兆瓦海洋潮流能发电机组并网发电，吉利汽车头门港区产业园（30万辆）扩建项目开工建设。2016年年底，浙江省与上海市政府签署小洋山区域合作开发框架协议，明确要以资本为纽带，以企业为主体，通过股权合作方式稳步推进小洋山开发，为后续合作奠定了基础。

2. 聚焦顶层设计，体制改革深入推进

重大决策明确一体化发展路径。2015年8月，浙江省委、省政府根据中央精神和发展实际，作出深化实施海洋港口一体化发

展重大决策，组建浙江省海洋港口发展委员会和浙江省海港集团，整合统一、统筹管控和高效利用海洋港口相关资源平台，建立涉海涉港资源管理、资本运作、港口运营以及海洋和港口经济发展新模式。重大规划绘就一体化发展蓝图。按照一体化新要求，编制实施全省海洋港口发展“十三五”规划，制定“补短板”实施意见。宁波舟山港总体规划修编获交通运输部、浙江省政府联合批复，台州港和嘉兴港总体规划、温州港相关港区规划方案调整加快推进。重大部署推动一体化发展进程。2016 年 6 月，浙江省海洋港口发展委员会正式组建运作。10 月，浙江省委、省政府召开全省海洋港口发展领导小组会议，提出要坚定一体化方向，推动浙江省海洋港口发展成为全国之最、全球一流。12 月，浙江省海港集团全面完成港口整合，作为海洋港口发展委员会职能的市场化延伸，在海港资源开发运营方面将发挥主力军作用。

3. 聚焦强港目标，海洋港口建设运营稳步提升

重大项目加快推进。编制实施浙江省“十三五”海洋港口重大建设项目库和 2016 年度计划，纳入项目 208 项（总投资 7 000 多亿元），全年完成投资 520 多亿元。建成梅山保税港区多用途码头、蛇移门航道等重大项目，新增万吨级以上泊位 5 个，鼠浪湖矿石中转码头成功试靠泊 40 万吨铁矿石船；梅山港区 6—10 号集装箱泊位工程、金塘大浦口集装箱二阶段码头工程、宁波舟山港主通道等一批重大项目开工建设。浙江省海港集团积极发挥主平台作用，主导开发项目 49 个，总投资 865 亿元，已完成投资 75

亿元，设立首期100亿元海洋港口发展产业基金。港口运营稳中有升。宁波舟山港逆势增长，成为全球首个货物吞吐量突破9亿吨的港口，其中国际水水中转300万标准箱，增长12.3%；海铁联运完成25万标准箱，增长46.9%，班列增至10条，首次延伸至西藏；设立16个腹地无水港。嘉兴港建成全国最大的海河联运枢纽港码头——独山码头，海河联运突破1 000万吨，集装箱吞吐量134万标准箱，增长9%。温州港生产保持稳定增长，台州头门港区大项目招商取得突破，义乌陆港加强东西双向开放。“义新欧”班列全年运送集装箱8 178箱，比上年增长2.8倍，海铁联运至宁波舟山港1.2万标准箱，比上年增长48%，战略节点作用进一步增强。港口信息化建设提标提速。开展全省港口信息资源摸底调查，谋划信息整合和互联互通工作；编制发布“智慧港口”建设规划，明确建设思路目标和重点项目；成立“易港通”港口电子商务平台，码头网上营业厅和物流交易厅模块上线运行；集装箱海铁联运物联网（宁波港）示范工程通过初步验收，与国家交通运输物流公共信息平台实现信息交换。

第二节　2017年海洋经济工作重点

1. 加快实施“5+1”战略举措，着力完善海洋经济发展平台

加快推进浙江海洋经济发展示范区建设。根据国家促进示范

区建设发展的指导意见，申报 1~2 个国家级示范区，探索创建若干个省级示范区。编制实施全省现代海洋产业发展规划，制定海洋经济重大项目年度计划。完善海洋经济发展专项资金使用方法，增强杠杆和带动效应。完善海洋经济统计，突出核心产业，建立健全海洋企业名录，加强动态监测分析。加快推进舟山群岛新区建设。支持舟山加快实施新区发展规划，推进培育港航物流、绿色石化、船舶与海洋工程装备、海洋旅游四大“千亿产业”集群。支持推进宁波舟山港主通道、甬舟铁路、舟山航空产业园等重大项目建设。加快推进舟山江海联运服务中心建设。推进实施舟山江海联运服务中心建设总体方案、实施方案及年度计划。集中力量做强航运金融、信息等关键领域，加快形成功能完备、规模大、竞争力强的航运服务体系。打造大宗商品储运加工基地，培育大宗商品交易市场体系。将发展多式联运作为稳定吞吐量增长和优化运输结构的有效结合点，采取切实措施，保持海铁、海河联运及水水中转快速增长势头。加快推进中国（浙江）自由贸易试验区建设。加快黄泽山等石油储备项目建设，积极稳妥推进海港大宗商品交易中心上线运行并逐步向油品领域延伸，大力开展燃料油加注，推动油品全产业链投资便利化和贸易自由化。加快推进义甬舟开放大通道建设。宁波舟山港和义乌陆港是浙江省最重要的海陆两港，既是大通道两端双核，也是浙江省对接海、陆两条“丝绸之路”的节点纽带。将两港融合发展作为推进义甬舟开放大通道的重要抓手，推动创建国家海铁联运综合试验区，加快推进相关平台项目建设，努力构建东、西双向开放物流大通道。加快推进洋山港区合作开发。推进与上海对接洽谈，落实两省市洋山合作框架协议，加快签署政府和企业层面的具体合作协议，推动洋山区域整体合作与开发建设。

2. 加快发展现代海洋产业，着力推动海洋经济提质增效

做强先进临港工业。推进舟山绿色石化基地、中澳产业园、波音737完工交付中心等项目建设，发挥海运大进大出的成本优势，继续引进“原料或产品有一头在外”的大型项目，构建外向型产业集群。重点发展大宗商品相关产业，依托宁波舟山港煤矿粮油吞吐量大的规模优势，拓展储运加工交易产业链，打造成为海洋经济支柱性产业。发展海洋新兴产业。加强海洋科研投入和成果转化，发挥海洋企业创新主体作用，发展海水淡化与综合利用、海洋生物医药、海洋清洁能源等海洋新兴产业。支持国家海洋局第二海洋研究所、浙江大学海洋学院、浙江海洋大学、浙江省海洋科学院等科研单位，加强人才培养、技术储备和装备研发，加强对海洋矿业、油气、化工等海洋资源开发性产业的跟踪研判和布局设点。推动船舶和海工装备业加快升级。加快船舶业市场化整合，增强共性技术和关键零部件研发投入，推动海洋工程装备向产业链高端发展。引进建设一批海工装备业平台项目，加快形成以海工成套装备为引领、以主要部件为支撑、以海工服务为延伸的较为完整的产业链。改造提升海洋传统产业。支持沿海地区发展高效生态海水养殖和海洋生物资源精深加工，建设舟山国家远洋渔业基地，加强水产品冷链物流配送体系建设，延长海洋渔业产业链。依托海洋海岛旅游资源，按照“滨海景区化、景区

公园化”理念，持续推动旅游业态创新，打造精品滨海旅游业。

3. 加强公共服务和制度保障，着力营造良好发展环境

强化服务保障。研究建立涉海项目审批“绿色通道”，进一步优化港口岸线使用、项目审核备案和项目投资管理等工作流程。开展重大项目建设跟踪服务。强化政策保障。制定加快海洋强省建设的政策意见，用足用好浙江省海洋经济发展专项资金，积极争取复制上海国际航运中心和自贸区相关政策，重点围绕完善港口基础设施、加快多式联运、发展临港产业等，从财税金融、用海用地等方面加大支持。

第八章　福建省

第一节　2016年海洋经济发展主要成就及举措

2016年，福建省紧紧围绕建设“机制活、产业优、百姓富、生态美”的新福建，深入实施国务院批复的《福建海峡蓝色经济试验区发展规划》，致力抓产业、打品牌、建平台、保生态、优服务，推进海洋经济强省建设，并取得积极进展。据初步核算，2016年福建省海洋生产总值8 003亿元，占地区生产总值的28.1%，海洋经济对全省经济增长的贡献进一步增加。海洋第三产业对海洋经济的带动作用越发明显，其比重与上年相比增长了1.1个百分点。

1. 海洋经济重大项目建设进展顺利

《2016年福建省海洋经济重大项目建设实施方案》确定了福

建省重点推进海洋经济重大项目 220 个，明确了项目建设的年度目标任务及主要措施，并建立了项目挂钩联系机制和月报通报制度。2016 年，全省 115 个在建海洋经济重大项目累计完成投资 394.02 亿元，占年度投资计划的 109.1%。厦门海沧港区 20 号、21 号泊位、马尾船政（连江）特种船舶生产项目等 41 个项目建成投产或部分投产；105 个海洋经济重大前期项目中，莆田海上风电生产基地、深沪海洋生物科技产业园二期基础设施建设等 20 个项目开工建设。

2. 海洋产业规模不断壮大

海洋渔业、海洋交通运输业、滨海旅游业、海洋工程建筑业、海洋船舶修造业依然是福建省海洋支柱产业。港口物流业实力稳

图 2-5 远洋渔船

步增强，2016 年沿海进出港船舶 663 187 艘次，货物吞吐量 40 599 万吨，集装箱 1 194 万标准箱。海洋生物医药、海洋工程装备、邮轮游艇等海洋新兴产业加快发展；厦门邮轮母港建设加快推进，2016 年厦门港共接待国际邮轮 79 艘次，旅客吞吐量突破 20 万人次，同比增长 14%；其中母港邮轮 65 艘次，旅客吞吐量 14.37 万人次。通过实施海洋经济创新示范项目和省级海洋经济专项，培养了一批产值超过 3 亿元的海洋生物医药、海洋工程装备及现代冷链物流企业。环三都澳、闽江口、湄洲湾、泉州湾、厦门湾、东山湾等湾区经济基本形成。

图 2-6　泉州石湖港

3. 平台建设取得新进展

一是厦门南方海洋研究中心影响力不断扩大。建设“厦门南方海洋研究中心海洋产业公共服务平台”网站，纳入 13 个海洋科技与产业平台，提供共享服务280余次；采用“联合办公+独立空间公司策划+孵化区”结合的运作模式，为海洋高技术产业相关企业、创业创新团队提供“拎包入住”式服务，首批7家企业和7个团体已入驻南方海洋创业创新基地。二是国家海洋局海岛研究中心二期工程建设进展顺利，海岛科学博物馆、科研楼二期工程、学术交流中心B区及文体配套设施前期建设工作稳步推进。三是中国—东盟海洋合作中心筹建工作顺利推进，签署《中国—东盟海洋合作建设框架协议》并组织编制完成中国—东盟海上合作基金实施方案。四是中国—东盟海产品交易所逐步发展壮大。拓展线上交易和线下交收业务，首创跨境人民币交易结算软件系统，为会员提供跨境人民币结算服务。截至2016年年底，已发展渔业企业会员358家、交易商2 187个，2016年度累计交易额突破3 000亿元人民币，实现现货交收16 234吨。五是“第十四届中国·海峡项目成果交易会”设立“智慧海洋馆”，并举办福建海洋战略性新兴产业项目成果交易会暨第三届海洋生物医药产业峰会，促成168个项目对接，总投资237.58亿元，同比增加8%。

4. 海洋生态环境持续改善

一是近岸海域水质持续好转。2016年，福建省符合国家一类、二类海水水质标准的海域面积比例达88.7%，位居全国前列，较上年明显增加。二是完成全省海洋生态保护红线划定。全省共划定十种类型的海洋生态保护红线区188个，总面积

14 303.2 平方千米，占全省海域总选划面积的 38%，高于控制指标 3 个百分点。三是强化海域资源管控。编制《福建省海洋主体功能区规划》和《海域资源存量及变动表》，在霞浦、长乐和晋江开展海域自然资源资产负债表填报试点工作，并将海域自然资源资产纳入领导干部离任审计内容。

5. 综合管理水平明显提升

一是海域资源市场化配置顺利推进。2016 年通过招拍挂出让填海项目海域使用权 20 宗，出让海域面积 814.58 公顷，出让溢价累计超过 6 609 万元；出让海砂开采海域使用权面积 1 080 公顷，出让溢价达 5 796 万元。二是海域论证和海洋环境影响评价改革试点有序开展。全面调查和整合福建省 13 个重点海湾海洋环境监测资料，建立海洋基础大数据，实施网格化管理。厦门市开展了厦门湾海沙开采海洋工程建设项目环保监理试点工作，为推动海洋环保第三方监管探索经验。三是海岸带综合管理体制逐步建立。印发实施《福建省海岸带保护与利用规划（2016—2020 年）》，拟订《福建省海岸带保护与利用管理条例》，完善海岸带综合管理体制建设，自然岸线保有率居全国前列。

第二节　2017 年海洋经济工作重点

2017 年，福建省将深入实施《福建海峡蓝色经济试验区发展规划》，加快构建“经济富海、依法治海、生态管海、维权护海、能力强海”五大体系，大力发展海洋经济，努力迈出海洋经济强省建设新步伐，力争2017年全省实现海洋生产总值同比增长9%左右。重点做好以下几个方面工作。

1. 抓政策扶持

一是落实福建省委、省政府《关于加快海洋经济发展的若干意见》《关于支持和促进海洋经济发展的九条措施》《关于促进海洋渔业持续健康发展十二条措施的通知》《关于进一步加快渔港建设的若干意见》《关于进一步加快远洋渔业发展五条措施》等文件和《福建省“十三五”海洋经济发展专项规划》《福建省海岸带保护与利用规划》等规划。二是争取研究出台进一步支持和促进海洋经济发展的政策措施，支持海洋创新能力提升和产业集聚发展。三是推动出台加快渔港经济区建设的措施，从规划引导、加大投入、资本参与、要素保障、金融服务和组织实施等方面，推动福建省渔港经济区形成产业效益。

2. 抓海洋经济重大工程项目建设

一是制定实施2017年海洋经济重大项目建设方案，加强和完善项目协调和跟踪推进工作机制，确保重大项目年度目标任务的完成。二是实施“智慧海洋”工程建设。突出福建地方特色，努力推进台海精细化预测预报智能服务、京台高速—台海桥隧工程保障智能服务、“一带一路”合作与应用智能服务、海洋新装备开发与产业化应用、智慧海洋支撑体系等项目建设。三是建立海洋经济发展重大项目库，重点推进“十三五”期间50个海洋与渔业重大项目落地，提升对延伸海洋产业链的支撑带动作用，促进生产要素集聚。四是实施海洋新兴产业培育发展工程，提升海洋创新能力，着力打造海洋功能蛋白、海洋功能脂肪酸、海洋多糖和海洋生物新制品 4 条海洋生物医药产业链和海水养殖高端装备、海洋开发与管理装备 2 条海洋工程装备产业链。

3. 抓海洋产业转型升级

一是加快培育 10 条产值超百亿元的产业链。通过创新科研力量支撑方式，组建专家团队，推动产业链培育，形成集苗种繁育、养殖、加工、品牌和流通等融合发展的产值超千亿元的水产业集群；继续推进“水乡渔村”提升工程，加快休闲海钓基地建设，促进产业转型。二是有序发展远洋渔业。适度扩大福建远洋渔业规模；推进远洋渔业全产业链经营，将投资重点逐步扩展到水产品加工、冷链物流等；鼓励远洋渔业企业合并重组，壮大企业规模；加快已批渔船建造速度和老旧远洋渔船更新改造，提升远洋渔业整体装备水平和国际竞争力。三是建设渔港经济区。加强与开发性金融机构合作，加快推进霞浦三沙、连江黄岐等 8 个渔港经济区建设；推动设立渔港经济区产业基金。四是实施精深加工带动计划。建立闽南、闽中、闽东三大水产加工产业集群和 10 个年加工产值20亿元以上的产业集群县；推动宁德大黄鱼等水产加工园区和水产冷链体系建设，打造藻类和鱼糜制品2个百亿元市场。

4. 抓体制机制创新

一是推动创建福州、厦门国家海洋经济示范区，创新海洋科学开发的体制机制，加快构建现代海洋产业、科技创新和生态环境保护体系。二是完善产业金融服务机制。进一步发挥现代海洋产业中小企业助保金、海洋经济创新发展区域示范项目企业助保金、现代海洋产业中小企业贷款保证保险业务、远洋渔业产业基金对海洋产业推动作用，引导银行业金融机构加大对海洋产业园区、重点企业、重点项目、创新平台的信贷资金投放力度。三是推进海域资源市场化配置。将海域使用权招拍挂出让方案审批纳入政府内部管理事项；积极推进中国海洋产权交易中心建设，创新海域海岛、海洋知识产权与技术等海洋产权交易管理机制，提高海洋资源市场化配置能力，服务海洋经济发展。

5. 抓海洋生态文明建设

一是落实海洋生态环保制度。全面实施《海岸线保护与利用管理办法》和《福建省海岸带保护与利用规划》《福建省海洋主体功能区规划》，加强海岸带管理，强化自然岸线保护；落实《国家生态文明试验区（福建）实施方案》，推进领导干部海域资源资产离任审计试点、罗源湾资源环境承载力预警评估和九龙江—厦门湾总量控制试点；抓好海洋生态保护红线区管控措施落实，确保海洋生态保护红线区面积不减少、保护性质不改变、生态功能不退化和管理要求不降低。二是全面落实《围填海管控办法》。严格执行国家下达年度围填海计划指标，确保到2020年大陆自然岸线保有率不低于37.45%，海岛自然岸线保有率不低于75.37%。三是加强海洋保护重点工程建设。全面推进“蓝色海湾”综合治理工程、“碧海银滩”沙滩整治工程、滨海湿地修复工程，推动人工渔礁工程建设。严格沙滩保护，开展沙滩评级，保持岸线景观的连续性、完整性。四是完善海洋环境监测网络体系。加强平潭综合实验区等沿海市县海洋环境监测机构能力建设；继续加强对重点养殖区、重点排污口、主要江河入海口及生态敏感区、脆弱区等区域的监测。五是持续实施增殖渔业。继续开展“‘百姓富、生态美’福建海洋生态·渔业资源保护十大行动”，在全省开展“6·6八闽放鱼日”常态化活动，推动各区市建立1~2个放流体验平台，在全省选择1~2个海域开展渔业资源本底调查，为增殖放流评估提供科学依据。六是加强保护区建设与管理。积极推动福建东山湿地申报国家级海洋保护区，完善水产种质资源保护区、海洋公园建设。

6. 抓对外开放合作

一是不断拓展与东盟国家的合作领域，重点是加快中国—东盟海产品交易所建设，进一步发挥其在利用两种资源、两个市场中的作用。二是充分发挥中国—东盟海洋合作中心在加强福建与东盟国家海洋产业、海洋科技、生态保护、防灾减灾、海洋管理及海上互联互通的作用。三是推进中国—东盟、中国—印度尼西亚多边及双边渔业项目合作，引导福建省内远洋渔业龙头企业赴马来西亚、印度尼西亚、缅甸等国家和地区，新建立一批具有万亩以上规模的水产养殖基地和海外渔业加工物流基地。

第九章　广东省

第一节　2016年海洋经济发展主要成就及举措

2016年，广东省全面贯彻落实党的十八大和十八届三中、四中、五中、六中全会及中央经济工作会议精神，不断优化海洋经济空间布局，着力打造三大海洋经济主体区域，大力推动海洋经济发展，实现了“十三五”良好开局。据初步核算，全省海洋生产总值达1.59万亿元，连续22年居全国首位。海洋生产总值占全省地区生产总值的20%，海洋三次产业结构为1.8∶41.7∶56.5。

1. 海洋经济空间布局不断优化

规划引导海洋经济空间布局优化。组织编制《广东省海洋主体功能区规划》上报国家审批。印发实施《广东省海洋经济发展“十三五”规划》《广东省现代渔业发展“十三五”规划》。作为全国首个开展海岸带规划编制试点省，开展海岸带功能研究，形成《广东省海岸带功能研究报告》，启动编制《广东省海岸带综合保护与利用总体规划》，以发展现代海洋产业为重点，对海岸带资源进行科学划分和精准定位。推动海洋产业集聚发展。安排3 000万元支持广州南沙、珠海高栏、深汕合作区建设首批省级现代海洋产业集聚区。“珠三角”、粤东、粤西三大海洋经济主体区域全面发展，基本形成分工合理、优势集聚、辐射联动的区域发展格局。“珠三角”以海洋交通运输业、海洋油气业、海洋高端装备制造业、滨海旅游业和海洋服务业等为主导且集聚效应较强，粤港澳大湾区海洋经济合作不断深化，深圳启动建设全国首个海洋综合管理示范区。粤西以临海工业、海洋油气业、海洋渔业和滨海旅游业为主导，粤桂琼区域合作不断向海洋领域扩展，在湛江举办的中国海洋经济博览会成为国际合作开放大平台。粤东以临海工业、海洋渔业和滨海旅游为主导，粤闽合作持续推动区域海洋经济发展。

2. 现代海洋产业体系加速构建

一是大力提升传统优势海洋产业。依托广州港、深圳港、珠海港、东莞港和湛江港等，加快构建现代港口群。2016年，广东港口生产低速增长，全年规模以上港口完成货物吞吐量17.03亿吨，同比增长5.4%；集装箱吞吐量5 687.6万标准箱，同比增长3.9%。加快发展现代海洋渔业，全力推进现代化渔港建设。率先实行渔船更新改造“先建后拆”，新建大中型渔船

301 艘。加快发展远洋渔业，现有远洋渔业企业 19 家，在外生产渔船 189 艘。

图 2-7　东莞新沙港风貌

二是培育壮大海洋新兴产业。以广州、深圳为主的海洋生物医药业初具规模。深圳大鹏海洋生物产业园落户海洋生物能源开发、海洋生物育种等优质企业和项目 30 多家（个），初步形成产业集聚。广州、深圳和珠海等地的海洋工程装备基地建设进展顺利。以海上风电为龙头的海洋电力业发展良好，重点项目基础设施建设进一步推进。2016 年 9 月，广东省首个海上风电试点工程“珠海桂山海上风电场示范项目”正式开工，本期建设规模 120 兆瓦，总投资 26.83 亿元，拟安装 37 台风机机组。依托火电、核电、钢铁等高耗水行业，建设海水淡化工程。华润电力海丰项目海水淡化工程日产淡水量可达 2 万吨。

三是海洋旅游业不断向高端化发展。近年来，广东省大力开发滨海旅游资源，形成了八大海湾和海岛旅游圈、“海上丝绸之路”系列旅游线路和“一核两带三廊五区”的旅游布局。深圳太子湾邮轮母港正式开港运营，国家旅游局批复同意在深圳太子湾设立“中国邮轮旅游发展实验区”。阳江海陵岛、湛江南三岛被评为全国“十大美丽海岛”。

3. 海洋科技创新能力日益提升

编制广东省“十三五”海洋与渔业科技发展规划。与中国水产科学研究院合作共建广东省海洋渔业研究所和广东省淡水渔业研究所。湛江市获批建设国家首批海洋经济创新发展示范城市，获得 3 亿元资金支持。截至 2016 年年底，组织实施海洋科技成果转化与产业化、产业公共服务平台项目 44 项，获中央财政资金支持 7.04 亿元，项目总投资额超过 20 亿元，直接推动了广东省海洋战略性新兴产业加快发展。区域示范相关战略性新兴产业年度总产值（销售收入）1 659.76 亿元。区域示范相关企业自主科技研发投入超过 3 亿元，建设和认证市属以上企业科技研发中心、工程技术中心、企业重点实验室、中试基地等产业技术开发应用示范平台共 52 家，取得创新技术成果 193 项，创新技术成果转化 24 个。

4. 涉海基础设施建设步伐加快

2016 年，广东省大力支持国家重大基础设施项目建设，世纪工程——港珠澳大桥主体桥梁正式贯通，深圳至中山跨江通道正式动工建设。在建、新建桥梁、港口、海湾隧道、海岸防护等重点海洋工程项目众多，湛江港徐闻港区南山作业区客货滚装码头、阳江海陵岛跨海大桥、茂名港博贺新港区通用码头、潮州港扩建货运码头、珠海洪鹤大桥、东海岛至雷州高速公路等一批重点涉海基础设施顺利建设。现代渔港建设步伐加快，汕头后江、湛江海安、汕尾遮浪、惠来神泉等渔港正式获批建设，有效服务地方渔业经济发展，提高了渔港防灾减灾能力。

5. 海洋生态保护力度加大

印发《广东省海洋生态文明建设行动计划（2016—2020年）》，编制完成《广东省海洋生态红线》。珠海横琴等 5 个国家级海洋生态文明示范区和汕头青澳湾、惠州考洲洋、茂名水东湾 3 个美丽海湾建设进展顺利。汕头市、汕尾市分别获得国家蓝色海湾整治项目经费 3 亿元。建设珠海庙湾、茂名放鸡岛、惠州东山海 3 个大型人工鱼礁示范项目。汕尾遮浪角、汕头南澳海域获批建设国家级海洋牧场示范区。加强省级以上保护区监控能力建设，实现省级以上自然保护区重点区域实时监控。汕尾红海湾遮浪半岛和阳西月亮湾 2 个国家级海洋公园项目获批准。大力提升海洋预报减灾能力：建成 18 个渔港潮位站，布放 4 个水文气象浮标，惠州大亚湾海洋减灾综合示范区和 58 个岸段警戒潮位核定通过国家验收。与国家海洋局共建海洋遥感数据应用南方分中心。加强海岛生态保护修复，加快龟龄岛、南鹏岛、北莉岛、六极岛和西澳岛等岛礁工程建设。推进海岛统计调查工作，首次发布《2015年惠州市海岛统计调查公报》。完善无居民海岛资源市场化配置，颁布实施《无居民海岛使用金市场化评估技术规范》。以珠海三角岛为试点，组织开展广东省首例市场化方式挂牌转让无居民海岛，积极探索“公益+旅游”的开发模式。

6. 积极参与“一带一路”建设

加强与“一带一路”沿线国家和地区交流合作，建立与伊朗格什姆自贸区等地区的海洋渔业合作机制，成功举办广东—东盟渔业合作研讨会。启动实施中国—东盟现代海洋渔业技术合作及产业化开发示范项目。

图 2-8　广东省首支远洋船队赴伊朗作业

第二节　2017年海洋经济工作重点

2017年，将继续拓展蓝色经济空间，着力推动海洋经济管理向监测评估和政策调控转变。加快海洋产业园区集聚发展，扎实推动海洋经济综合试验区建设。认真实施广东省海洋经济发展“十三五”规划和广东省海洋主体功能区规划，落实好广东省政府与国家海洋局签署新一轮部省合作框架协议。以海洋与水产高科技园为平台，推动国家级海洋技术机构在广东设立分支机构。完成全国海洋经济调查统计工作。加快广东省与“21世纪海上丝绸之路”沿线国家的海洋与渔业合作，引导广东省企业发展远洋渔业，建设综合性远洋渔业基地，开展渔业养殖加工合作。

1. 优化海岸带综合保护与利用空间格局

按照开展海岸带综合保护与利用总体规划编制试点工作安排，组织编制完成《广东省海岸带综合保护与利用总体规划》，拟由广东省人民政府和国家海洋局联合印发。规划实施有利于科学统筹海陆资源配置，构建陆海一体、功能清晰的海岸带空间治理格局；有利于陆海统筹和海岸带综合管理，促进海洋资源环境保护与产业转型升级和开放型经济发展相互结合，拓展蓝色经济空间，打造沿海经济带，形成新的增长极，推动广东海洋强省建设。

2. 完善海洋产业发展支持政策

认真落实广东省政府与国家海洋局签署的合作框架协议。组织编制海洋经济强省规划，制定海洋产业用海规模指导目录。加快发展海洋工程装备制造、海上风电、天然气水合物、海洋生物及海洋公共服务等海洋战略性新兴产业。开展金融促进海洋经济发展政策研究，继续深化与金融机构合作，引导各类资金支持海洋经济发展。办好2017年中国海洋经济博览会。

3. 推动海洋产业集聚发展

推进创建国家海洋经济示范区，认真落实国家支持示范区建设政策。抓好湛江国家海洋经济创新发展示范城市建设，组织第二批示范城市申报。优先使用已批准的区域用海海域存量，推动用海项目向规划区域内落户，引导海洋产业集聚发展。

4. 加大海洋科技攻关与成果推广

制定海洋渔业科技发展规划。攻克一批制约广东省海洋产业发展关键技术，强化海洋科技成果的转化推广。认真组织实施海洋经济区域创新示范，力争在海洋生物应用、海洋工程装备制造等领域取得突破。加快建设广东海洋水产高科技园，加大海洋科研机构引进，将高科技园打造成为融科技创新、产业创新为一体的发展平台。推进海洋科技资源整合，增强科技创新支撑引领作用，组建“广东海洋创新联盟”，提升全省海洋科技创新攻关及成果转化能力。

5. 开展海洋经济监测评估和统计核算

认真组织实施第一次全国海洋经济调查。建成不少于2 500家涉海企业直报网点，推进海洋经济运行监测与评估业务化。开展海洋经济运行、产业调查、产业政策制定等专题研究，完善海洋经济统计会商机制，开展市级海洋生产总值核算。完成好底册核实、涉海单位清查、涉海单位名录编制和数据验收等重点工作。

6. 加大海洋环境保护力度

认真实施《广东省美丽海湾建设总体规划》，抓好汕头、汕尾蓝色海湾整治项目建设，推进每个沿海市启动建设至少1个美丽海湾，组织美丽海湾评选。抓好珠海横琴等5个国家级海洋生态文明示范区建设。划定适宜海湾，探索建立吸引社会资本参与海洋生态保护建设的市场化机制。组织实施《广东海洋生态文明建设行动计划》。抓好大亚湾入海污染物总量控制试点。印发《广东省海洋生态红线》，实施海洋生态保护红线制度。以珠海庙湾等3个大型人工鱼礁项目为示范，大力推进广东省海洋牧场建设。认真落实《全国生态岛礁工程“十三五”

规划》，强化海岛保护与利用。组织编制省级以上保护区建设总体规划，提升自然保护区管理水平。完成入海污染物在线监测系统建设，加强珠江口、大亚湾、湛江湾等重点海域海洋环境监测监视。积极做好国家海洋督察各项准备工作，研究建立广东省海洋督察机制。

第十章　广西壮族自治区

第一节　2016 年海洋经济发展主要成就及举措

2016 年，广西壮族自治区（以下简称“自治区”）海洋经济持续快速发展，海洋经济强区建设有序推进。据初步核算，2016 年广西海洋生产总值 1 233 亿元，占广西地区生产总值的比重为 6.8%，占广西北部湾经济区四城市（南宁、北海、钦州、防城港）地区生产总值的比重约为 19.1%。海洋第一、第二、第三产业增加值占海洋生产总值的比重分别为 16.2%，35.1% 和 48.7%。

1. 扎实推进海洋经济强区建设

2016 年，广西深入实施北部湾经济区和西江经济带“双核驱动”战略，努力构建沿海、沿江、沿边“三区统筹”格局。自治区党委十届六次全会通过的自治区党委“十三五”建议和自治区“十三五”规划纲要均明确提出要“打造海洋经济强区”。2016年“6·8世界海洋日”活动在广西北海市成功举办，国家海洋局第四海洋研究所在北海市设立，国家海洋局和广西壮族自治区人民政府共同签署了《关于共建北部湾大学（筹）的协议》。海洋在全区战略布局中的地位提升到了前所未有的高度。

2. 加快推进第一次全国海洋经济调查

按照第一次全国海洋经济调查领导小组的部署要求，全面推进广西海洋经济调查工作。2016年，自治区完成了组织协调机构的构建、管理人员和师资及技术人员的培训、两级调查实施方案的编写、调查经费的申请等工作。国家海洋局南海分局于2016年11月中旬对南海片区调查指导员开展培训，自治区也组织开展了一次全面的培训，海洋经济调查的前期工作基本到位。

3. 切实做好广西海洋经济统计与核算

编制和发布《2015年广西海洋经济统计公报》，客观反映了2015年广西海洋经济发展以及海洋产业布局等情况，为自治区政府、涉海部门以及沿海三市（指北海市、钦州市、防城港市）制定相关规划、决策及研究提供了可靠的依据和参考。同时，完成《2015年广西海洋统计报表》及《2016年上半年广西海洋生产总值核算报表》编报工作。

第二节 2017 年海洋经济工作重点

1. 扎实推进海洋经济运行监测评估与统计核算

开展广西海洋经济运行监测与评估系统验收工作，并交付自治区、沿海三市和东兴市的业务化工作承担单位进行试运行。积极按照第一次全国海洋经济调查领导小组的统一部署，扎实推进广西第一次全国海洋经济调查工作，按时保质完成任务。编制发布《2016 年广西海洋经济统计公报》。按照《海洋统计报表制度》《海洋生产总值核算制度》定期向国家报送 2016 年全年和 2017 年上半年相关数据，同时开展月度企业直报工作。

2. 指导和监督北海市创建海洋经济创新发展示范城市

为推动自治区海洋生物、海洋高端装备、海水淡化等重点产业创新和集聚发展，根据《财政部办公厅 国家海洋局办公室关于组织申报“十三五”期间第二批海洋经济创新发展示范城市的通知》（财办建〔2017〕38 号）要求，自治区海洋局将组织北海市做好“十三五”期间第二批海洋经济创新发展示范城市申报工作。按照《国家海洋局 财政部关于批复北海市海洋经济创新发展示范工作实施方案的复函》（国海科字〔2017〕284 号）要求，自治区海洋局将指导北海市落实海洋经济创新发展示范城市示范项目，尽快下拨项目资金。

3. 推动海洋经济示范区申报工作

为进一步优化自治区海洋经济发展布局，提高海洋产业综合竞争力，推动构建区域性海洋功能平台，根据《国家发展改革委国家海洋局关于促进海洋经济发展示范区建设发展的指导意见》（发改地区〔2016〕2702号）要求，自治区海洋局会同自治区发展改革委将组织北海市、防城港市和钦州市做好国家海洋经济示范区申报工作。

第十一章　海南省

第一节　2016年海洋经济发展主要成就及举措

2016年，海南省深入贯彻国家“海洋强国”战略，扎实推进海洋经济建设发展，坚定发展信心，积极应对发展挑战，全省海洋经济和海洋事业取得了较大成果，海洋经济供给侧结构性改革和海洋重点产业发展取得明显成效，海洋生态文明建设和公共服务能力显著提升。据初步核算，2016年海南省海洋生产总值1 140亿元，占地区生产总值28.2%，海洋第一、第二、第三产业结构比重分别为23.3∶19.5∶57.2。

1. 海洋环境保护和生态文明建设卓有成效

以海南省总体发展规划为纲，科学确定海洋生态保护红线，划定海南省近岸海域生态保护红线范围8 316.6平方千米，占近岸海域面积的35.1%。海南万宁老爷海潟湖和海南昌江棋子湾2个国家级海洋公园获国家海洋局批准，同时完成海口、三亚和三沙2016年度国家级海洋公园组织申报工作。中央海岛和海域保护资金投入5.1亿元，专项支持乐东、陵水蓝色海湾整治项目建设，全省范围内海岸带专项整治工作取得突出效果。

2. 规范海域资源配置市场化运作模式

制定并组织实施《海南省海域使用权招标出让规程》。三亚临空旅游产业园一期工程、文昌妈祖人工岛、文昌新埠海人工岛等一批填海项目在海南省公共资源交易中心挂牌交易。2016年，全省批准用海41宗，面积810.01公顷；征收海域使用金30 022.05万元，其中填海造地面积129.61公顷，征收海域使用金24 195.63万元。指导市县海洋部门海水养殖、旅游项目海域使用权的招拍挂出让，逐步推进海域资源配置全面实现市场化运作。

3. 特色海洋旅游业发展迅速

亚龙湾、海棠湾、三亚湾、石梅湾、清水湾和博鳌湾等特色海洋湾区旅游业逐步成熟壮大，三亚亚特兰蒂斯、儋州海花岛、陵水海洋主题公园滨海旅游综合体项目建设进入关键阶段，助推特色海洋旅游业发展。2016年西沙游轮开行51个航次，接待游客1.2万人次。

4. 培育现代渔业发展新动能

深入实施海南省政府《关于促进现代渔业发展的意见》，建立现代渔业经营体制机制，发展现代水产养殖业，积极发展深海养殖业，扶持发展增殖渔业，大力推动热带水产苗种产业建设。提升海洋捕捞现代化水平，拓展水产品精深加工和营销渠道，统筹规划建设渔业风情小镇，壮大休闲渔业，培育渔业转型升级新动能。2016 年，全省水产品出口 12.9 万吨，创汇 4.6 亿美元。

5. 海洋公共服务能力建设进一步加强

海洋防灾减灾体系升级改造基本建成，率先完成全国县级海域动态监测和应急设备验收和交付工作。海岸带专项整治检查“回头看”和“再回头看”取得积极成效，新一轮海岸线修测技术取得新的成果，完成了 11 个领海基点保护范围选划和 100 个无居民海岛专项调查工作。

第二节　2017 年海洋经济工作重点

2017 年，海南省将进一步深刻领会国家“一带一路”发展倡议，准确把握南海在海上丝绸之路建设中的战略支点定位，结合国家“智慧海洋”“蓝色海湾”“南红北柳”等重大工作部署，科学编制海南省“十三五”海洋经济发展规划，重点发展十大海洋产业，精心组织实施海洋经济新增长点建设项目，着力抓好以下主要任务。

1. 组织实施海洋经济“十三五”发展规划

印发实施海南“十三五”海洋经济发展规划，梳理“十三五”海洋经济发展的重大工程、重大项目、重大政策，增强规划的科学性、前瞻性、可操作性，坚持陆海统筹，推进海洋经济加快发展。2017年将重点实施海洋经济十大产业项目，着力发展海洋旅游、海洋现代服务业和海洋运输物流业等。

2. 提升海洋基础设施和科技兴海支撑水平

推进南海资源开发服务保障基地和海上救援基地建设，统筹整合港口资源，构建全省港口一盘棋格局，加快中心渔港和一级渔港建设；推进三沙市海空立体交通、污水处理、补给中转枢纽和木兰湾腹地建设，打造科技创新和合作新高地；推动国家深海空间站、深海技术国家实验室等重大海洋科技平台项目落地，在海洋生物科技、海洋信息技术、海洋生态环保等研究领域实现重大突破。

3. 创建海洋经济发展示范平台

组织海口申报国家海洋经济创新发展示范城市，依托海口海洋经济基础优势，用好国家政策，集聚产业、人流、物流，培育海洋经济新动能，发展海洋高新技术产业，把海口海洋经济创新发展推上新水平。申报创建三沙、陵水和东方国家海洋经济示范区，探索区域海洋经济发展经验，培育“蓝色引擎”，打造海南特色海洋经济新的增长极。

4. 推进行政审批简化提效

深化海洋行政审批制度改革，加强和完善事中、事后监管制度，进一步推进网上审批、不见面审批和“双随机一公开”，简化行政审批流程，提升审批效率，优化营商环境。严格实施《海南省海洋工程建设项目环境影响评价审批管理办法》，推进海洋环境影响评价审批改革，明确分级、分类管理和审批流程，缩短审批时间，做到在符合审批条件下三个工作日内办结。

5. 提升海洋渔业服务保障能力

加强海洋与渔业服务中心平台建设，整合科技、人才和信息资源，打造海南省海洋与渔业综合科研和信息中心高地。启动南海渔业资源调查，进一步推进与中国水产科学院等科研院所对接，摸清南海渔业资源家底。开展海南省第一次全国海洋经济调查工作，按照国家海洋局要求，部署开展海洋经济调查，摸清海洋经济底数，建立直报系统，完善海洋经济统计监测体系。建设海洋经济发展智库，与涉海高校和科研院所建立战略合作关系。加强海域、海岛动态监测系统升级，扩展监测范围，提升监测能力。协调国家海洋局争取海啸预警海南分中心落地。

6. 深化海域使用管理改革和海岛保护开发

逐步建立健全海域使用规划体系，贯彻实施市场化出让海域资源法规和政策，严格实施《海南省实施〈中华人民共和国海域使用管理法〉办法》和《海南省海洋主体功能区规划》。深化海域市场化改革，加强填海造地管控，制定围填海管控办法和专项规划。推进海岛的使用审批工作，加强领海基点划定和海岛资源调查，推动海岛有序开发。

7. 加强海洋生态环境保护

贯彻落实习近平总书记视察海南时的重要讲话精神和海南省委第七次党代会工作部署，坚守海洋生态保护红线，保护碧海蓝天。严格落实海岸带生态保护，实施海洋生态保护红线管控。制定实施 2017 年度海洋生态环境监测方案。实施海域海岛整治修复和保护工程，编制《海南省海域和海岛整治修复与保护规划》，储备整治修复项目，申报和实施一批新的海域、海岛、海岸带和近岸海域海洋生态的整治、修复和保护工程。开展“护蓝打非”“海盾 2017”“碧海 2017”和“野生动物保护”等专项执法行动。

附表

附表 1　2016 年全国人大及国务院发布的涉海法律法规及政策规划

政策/规划	发布机构	发布时间
《中华人民共和国深海海底区域资源勘探开发法》	全国人大	2016-02-26
《全国人大常委会关于修改〈中华人民共和国海洋环境保护法〉的决定》	全国人大	2016-11-07
《关于促进医药产业健康发展的指导意见》	国务院办公厅	2016-03-11
《关于做好自由贸易试验区新一批改革试点经验复制推广工作的通知》	国务院	2016-11-02
《“十三五”生态环境保护规划》	国务院	2016-11-24
《“十三五”国家战略性新兴产业发展规划》	国务院	2016-11-29
《“十三五”旅游业发展规划》	国务院	2016-12-07

附表 2　2016 年国务院有关部门发布的促进海洋经济发展的相关政策规划

海洋产业	政策/规划	发布部门	发布时间
海洋渔业	《全国海洋渔船更新改造标准船型选定工作方案》	农业部办公厅	2016-07-12
	《关于印发〈全国渔业发展第十三个五年规划〉的通知》	农业部	2016-12-31
海洋油气业	《石油天然气发展“十三五”规划》	国家发展改革委	2016-12-24
	《关于“十三五”期间在我国海洋开采石油（天然气）进口物资免征进口税收的通知》	财政部、海关总署、国家税务总局	2016-12-29
海洋可再生能源业	《国家电力示范项目管理办法》	国家能源局	2016-11-11
	《风电发展“十三五”规划》	国家能源局	2016-11-16
	《电力发展“十三五”规划（2016—2020 年）》	国家发展改革委、国家能源局	
	《可再生能源发展“十三五”规划》	国家发展改革委	2016-12-10
海洋船舶工业与海洋工程装备制造业	《智能制造发展规划（2016—2020 年)》	工业和信息化部、财政部	2016-09-28
海水利用业	《全国海水利用“十三五”规划》	国家发展改革委、国家海洋局	2016-12-28
海洋交通运输业	《交通运输标准化“十三五”发展规划》	交通运输部	2016-01-30
	《交通运输科技“十三五”发展规划》	交通运输部	2016-03-16
	《推进物流大通道建设行动计划（2016—2020 年）》	交通运输部、国家发展改革委	2016-12-07

续表

海洋产业	政策/规划	发布部门	发布时间
海洋旅游业	《全国生态旅游发展规划（2016—2025年）》	国家发展改革委、国家旅游局	2016-08-22
其他	《海洋气象发展规划（2016—2025年）》	国家发展改革委、中国气象局、国家海洋局	2016-01-05
	《全国气象发展“十三五”规划》	中国气象局、国家发展改革委	2016-08-23
	《关于“十三五”期间中央财政支持开展海洋经济创新发展示范的通知》	财政部、国家海洋局	2016-08-25
	《全国海洋标准化“十三五”发展规划》	国家海洋局、国家标准化管理委员会	2016-09-18
	《关于印发信息化和工业化融合发展规划（2016—2020年）的通知》	工业和信息化部	2016-10-12
	《关于促进海洋经济发展示范区建设发展的指导意见》	国家发展改革委、国家海洋局	2016-12-26

附表 3 2016 年沿海地区发布的促进海洋经济发展的相关法律法规与政策规划

地区	政策/规划	发布部门	发布时间
辽宁	《辽宁省渔业供给侧结构性改革行动计划》	辽宁省海洋与渔业厅	2016-06-14
	《关于印发辽宁省休闲渔业船舶管理规定的通知》	辽宁省人民政府	2016-06-26
	《辽宁省渔业产业发展指导意见》	辽宁省人民政府办公厅	2016-09-28
河北	《河北省石化产业发展“十三五”规划》	河北省发展改革委	2016-08-02
	《河北省装备制造业发展“十三五”规划》	河北省发展改革委	2016-08-02
	《河北省可再生能源发展“十三五”规划》	河北省发展改革委	2016-10-14
天津	《天津市工业经济发展“十三五”规划》	天津市发展改革委	2016-09-26
	《关于印发天津市盐业体制改革实施方案的通知》	天津市人民政府	2016-12-31
山东	《〈中国制造 2025〉山东省行动纲要》	山东省人民政府	2016-03-28
	《山东省综合性渔港经济区建设实施方案》	山东省海洋与渔业厅、山东省发展改革委、山东省财政厅、山东省国土资源厅、山东省住建厅、山东省环保厅	2016-04-01
	《关于同意山东省近岸海域环境功能区划(2016—2020 年)的批复》	山东省人民政府	2016-05-17
	《关于加快发展服务贸易的实施意见》	山东省人民政府	2016-07-07
	《山东省“海上粮仓”建设规划(2015—2020 年)》	山东省发展改革委、山东省海洋与渔业厅	2016-08-05
	《山东省“十三五”科技创新规划》	山东省人民政府	2016-12-02

续表

地区	政策/规划	发布部门	发布时间
江苏	《江苏省“十三五”科技创新规划》	江苏省人民政府	2016-07-12
	《江苏省船舶与海洋工程装备产业“十三五”发展规划》	江苏省经济与信息化委员会	2016-10-08
	《江苏省“十三五”物流业发展规划》	江苏省人民政府	2016-10-28
	《江苏省“十三五”气象事业发展规划》	江苏省人民政府、中国气象局办公室	2016-11-16
	《江苏省“十三五”现代服务业发展规划》	江苏省人民政府	2016-11-22
	《江苏省“十三五”战略性新兴产业发展规划》	江苏省人民政府	2016-11-24
	《江苏省“十三五”现代产业体系发展规划》	江苏省人民政府	2016-11-29
	《“十三五”智慧江苏建设发展规划》	江苏省人民政府	2016-12-06
上海	《上海市制造业转型升级“十三五”规划》	上海市人民政府	2016-06-30
	《上海国际航运中心“十三五”规划》	上海市人民政府	2016-08-30
	《上海市旅游业改革发展“十三五”规划》	上海市人民政府办公厅	2016-11-15

续表

地区	政策/规划	发布部门	发布时间
浙江	《浙江省水污染防治行动计划》	浙江省人民政府	2016-03-30
	《浙江省海洋环境污染专项整治工作方案》	浙江省海洋与渔业局、浙江省环境保护厅	2016-04-18
	《浙江省供给侧结构性改革去产能行动方案（2016—2017年）》	浙江省人民政府办公厅	2016-07-19
	《浙江省服务业发展“十三五”规划》	浙江省人民政府办公厅	2016-08-28
	《浙江省海洋生态环境保护“十三五”规划》	浙江省海洋与渔业局	2016-09-18
	《浙江省综合交通运输发展“十三五”规划》	浙江省人民政府办公厅	2016-09-26
	《浙江省生态环境保护“十三五”规划》	浙江省人民政府办公厅	2016-11-14
	《浙江省旅游业发展“十三五”规划》	浙江省人民政府办公厅	2016-12-05
福建	《福建省“十三五”海洋经济发展专项规划》	福建省人民政府办公厅	2016-05-17
	《福建省海岸带保护与利用规划（2016—2020年）》	福建省发展改革委、福建省海洋与渔业厅	2016-07-28
	《福建省推进供给侧结构性改革总体方案（2016—2018年）》	福建省委、福建省人民政府	2016-07-30
	《福建省远洋渔业补助资金管理办法》	福建省财政厅、福建省海洋与渔业厅	2016-12-22

续表

地区	政策/规划	发布部门	发布时间
广东	《广东省现代物流业发展规划（2016—2020年）》	广东省人民政府办公厅	2016-11-21
	《广东省盐业体制改革实施方案》	广东省人民政府办公厅	2016-12-27
广西	《广西战略性新兴产业发展“十三五”规划》	广西壮族自治区人民政府办公厅	2016-09-05
	《广西壮族自治区国土资源“十三五”规划》	广西壮族自治区发展改革委、广西壮族自治区国土资源厅	2016-10-31
	《广西工业和信息化发展“十三五”规划》	广西壮族自治区人民政府办公厅	2016-11-01
	《广西现代服务业发展“十三五”规划》	广西壮族自治区人民政府办公厅	2016-11-30
海南	《关于印发海南省综合防灾减灾“十三五”规划的通知》	海南省人民政府办公厅	2016-05-26
	《关于印发海南省医药产业发展专项资金管理办法的通知》	海南省人民政府办公厅	2016-06-29
	《关于印发海南省油气产业专项资金管理暂行办法的通知》	海南省人民政府办公厅	2016-09-30
	《关于印发海南省气象发展“十三五”规划的通知》	海南省人民政府办公厅	2016-12-30

附表 4　2016 年沿海地区海洋经济主要指标

沿海地区	海洋生产总值/亿元	海洋生产总值占地区生产总值比重/（%）
辽宁	3 661	16. 6
河北	2 283	7. 2
天津	5 094	28. 5
山东	13 285	19. 8
江苏	6 074	8. 0
上海	7 311	26. 6
浙江	6 527	14. 0
福建	8 003	28. 1
广东	15 895	20. 0
广西	1 233	6. 8
海南	1 140	28. 2